業績飆倍的

PDCA日報表工作法

—— 200間以上公司實證 ——

12分鐘打造 SOP、OKR、KPI
做不到的精準效益

U0013360

業務PDCA工作法理論創辦者
中司祉岐——著　　楊玉鳳——譯

suncolor 三采文化

PDCA日報表是最能有效改善業績的方法

西京銀行董事長　平岡英雄

從銀行董事長的角度來看，其實我是不太信任經營顧問的。因為中小企業的資源並不充裕，所以很少人能給予其真正有意義、有助益的建議。就這點來說，中司先生很不一樣，他會每天查閱客戶企業的日報表，如親人般貼近經營者，和員工一起揮汗思考該如何改善經營。對中小企業的經營者來說，是很可靠的顧問。最重要的是，他對修改經營者的日報表很感興趣，而且別出心裁。

在學校念書時，只要確實做好預習和複習，成績就會好。這樣的預習、複習，對企業來說，就是ＰＤＣＡ（計畫・執行・檢核・改善）。雖說只是執行訂立的計畫，檢核結果並改善，然後運用在下一次行動上，但要持續執行下去才是最困難的。而本書介紹的ＰＤＣＡ日報表則能簡單做到。

我認為經營時最重要的是，能把自己看得多透徹。所有經營者都會在營業時間結束後，回顧當日狀況，思考明天必須怎麼做。在這個看透自己的過程中，需花費多少精力才能深度挖掘呢？這就是與其他公司產生差距的重點。你只是假裝在思考？還是使用日報表一邊整理資訊一邊不斷思考呢？這樣的差別是很明顯的。我認為對經營者來說，如何擁有這樣充實的時間很重要。

想求取利益獲得成功，每天腳踏實地累積微小的改善，看似繞遠路，實為抄捷徑。當然，對人們來說有很多誘惑，要持續下去沒那麼簡單，但我很推薦中司先生的ＰＤＣＡ日報表，給下定決心「總之就試著努力持續一年試試看吧」的經營者們。

目錄 Contents

前言

兩百間以上公司實證，有85．6％的小企業在2～4年後業績增加2～3倍！

大家有寫過日報表嗎？擔任業務工作的人，為了向上司報告進度，應該都有寫過業務日報表的經驗。但是若是中小企業的經營者，應該都沒寫過吧。光是聽到日報表這個詞，都會覺得很麻煩，忙都忙死了，哪有閒工夫寫那個，而且真的有意義嗎？那麼，我換個說法吧，如果每天不超過二十分鐘左右就能讓營業額飆倍，大家願意做嗎？

這本書就是告訴大家怎麼寫日報表。我以日本山口縣山口市為據點，從事「日報表顧問」這份有點特殊的工作，我的顧客主要是在地的中小企業經營者。我每天會請顧客寫日報表，然後用手機拍下照片，傳送到敝公司由負責的顧問修改，然後再用電子郵件寄給顧客。修改日報表搭配每月一～二次的諮詢服務，就是敝公司的日報表諮詢服務。

我之前的工作是在土木工程業、零售業、餐飲業等各式業種中擔任業務與銷售人員。不論在哪種業種，我都活用了日報表，獲得了最頂尖的成果。我活用從中掌握的技術，決心從事此前社會上都沒有過的工作，於是開始了日報表諮詢。

我現在服務的中小企業經營者顧客數有二〇二間公司（截至二〇一九年一月）。我本來是以山口市為活動中心，現在擴展到東京、山形以及廣島等地，這是因為第二地方銀行對日報表諮詢感到有興趣，作為我們的加盟者在進行活動。作為諮詢公司，我們或許還不成氣候，但我自己負責的企業中，85．6％都在開始寫日報表之後，營業額提升兩倍以上，而且有八間日本第一的公司，都是來自於山口縣。

第三章會有具體的案例分享，除了書中的案例之外，也有許多因引進日報表而讓業績倍增的實例。我的客戶業種有各式各樣，商店街裡的日用百貨店在短短四個月內就從每月八十九萬日圓的交易總額增加到一・八倍的一百六十一萬日圓，一年後每月交易總額為兩百二十八萬日圓。

那家店很快地將某位人氣藝人使用並形成風潮的 recs 眼鏡經營成知名品牌，成為日本銷售第一；店長兼廚師與三位兼職者的麵包店，在引入日報表後一年，月交易總額就從五十三萬日圓增加到四倍的兩百一十五萬日圓；父子二人經營的招牌店，二年就從一百萬日圓的月交易總額增加到兩百五十萬日圓；繼承鐵工廠的第三代經營者，在三年內從一億六千八百三十萬日圓的年交易總額，成功提升到兩億八千四百六十六萬日圓。即便是人口只有九千人的都市動物醫院也在約一年半內，從兩百四十五萬日圓的月交易總額，變成四百二十一萬日圓，一年後則成長至五百一十四萬日圓。這些都是因為引進了日報表，才讓經營有了長足的改善。

這些例子的成果並非不可能，只要持續寫日報表都能拿出這樣的成果。

沒有不努力的人，問題在努力的內容

開始做日報表諮詢時，我自己也很驚訝能看到如此具戲劇性的變化。當然我很相信日報表的力量和效果，但對於自己以外的人是否也同樣有效，這點不做做看不知道。

我看到顧客們不斷展現出成果，所以有段時期我很自我陶醉地想著：「我的諮詢實力很厲害嘛！」可是我很快就察覺到，厲害的不是我而是日報表，都是因為各位經營者努力持續寫日報表。

所有經營者都很努力，關鍵在於努力的內容與方向，該怎麼有效且具生產力地利用有限的時間呢？所有中小企業的經營者都是球員兼領隊，因此每天都非常忙碌。即便想著「一定得做這件事」也沒有深思的時間，最後就拖延或是忘記了。最後就變成想著「不改變不行」卻什麼都沒改變。現在做的事與三年前一樣，銷售額漸漸往下跌。想要做些什麼卻不知道該怎麼做，就是這些經營者們遇到的困境。

日報表最重要的任務就是幫助各位經營者和業務，察覺自己該做的工作並找出方法，在執行計畫、執行、檢核、改善的PDCA同時，就會成為一大助力。最後，帶領公司的經營者和業務是否有確實執行PDCA，將關乎企業能否成長。

同樣是經營者或是業務，有能從中察覺到重要事項的人，也有察覺不到的人。此外也有察覺到之後，不會去實行的人與會去實行的人，而且也有只會做不會想的人與能確實改善的人。有察覺的人與沒察覺的人差別雖大，但沒察覺的人與懂得改善的人之間，差別更是大，一切取決於是否有好好執行PDCA的循環。

我們的客戶一開始都是屬於沒察覺的類型，因此未來的發展潛力很大。開始寫日報表後，營業額翻倍的情況並不罕見。不論是什麼樣的經營者或業務，都有實力拓展事業，現在請務必開始寫日報表。希望各位可以改變現狀，最終實現自己想做的事、營業額也能倍增。

第1章

讓業績飆倍的日報表寫法

拿起本書的讀者們，都是想讓業績更好，想改變現狀的人。努力做生意，回過神來才發現，每天都在重複同樣的事，但是營業額卻逐漸下滑。而作為打破現狀的契機，這些人開始寫日報表就是在嘗試改革成理想的自我。

首先，要先了解ＰＤＣＡ日報表是什麼（請參照下頁的表格）。是不是覺得表格看起來很簡單呢？雖然現在是數位表格的時代，但我會希望我的客戶還是要用手寫日報表。

簡單來說，就是在早上填寫「今日預定」，接著在工作空檔時（中午）填寫「實際結果」，最後在晚上回顧「順利的事」與「不順利的事」，將順利的事規則化並且持續做下去，對於「不順利的事」則是思考改善點，隔天再試試看。其他的欄位可以做為方便的備忘錄，或是為了提升幹勁而設的項目。

所謂的日報表就是為了能確實執行計畫（PLAN）、執行（DO）、檢核（CHECK）、改善（ACTION）的最佳工具。

我的日報表 標準版

年　　月　　日　星期

提振精神的一句話：

夢想・希望

	今日預定	實際結果	空檔任務 ☑	耗時任務	期限
7:00			☐	P	
8:00			☐		
9:00			☐		
10:00			☐		
11:00			☐		
12:00	P	D	P ☐		
13:00			☐	本月想做的事	
14:00			☐		
15:00			☐		
16:00			☐		
17:00			今日目標		
18:00			P		
19:00					
20:00			今日結果		
21:00			C		
22:00					

順利的事（Good job）・感謝	規則化
C	A
不順利的事（Bad job）・反省	**改善方法**
鼓勵・為自己加油	**備忘錄**

日報表結合手帳與日記的功能

看了日報表之後，大家感覺如何呢？

日報表的各項目可以因應顧客的需求、目的做改變。這份表格是剛開始寫日報表時，最建議使用的標準版。若是一開始要填寫的項目過多，就很難有動力繼續寫下去，所以這幾項欄目對剛寫日報表的新手來說剛剛好。接下來還會介紹其他版本的日報表。

第一次看到日報表的讀者，或許會覺得看起來很像 Excel 表單。可是仔細觀察後會發現，日報表中有三大要素：手帳、一般日報表與日記。

各位在寫手帳時，通常都會寫入預定事項與計畫吧，可是手帳的功能不只有備忘錄的功能。日報表的作用就是寫入實際上做了什麼？結果如何？目的則是向上司報告，所以只是寫下事實與數字，不會寫下細節、失敗與反省處等，所以也可以當作是回顧自己當日生活的日記。

但是，若是將手帳、日報表和日記的功能分開，就無法集中管理ＰＤＣＡ，

PDCA 日報表結合三大優點

手帳	+	日報表	+	日記
P （計畫）		D （行動紀錄）		C與A （檢核與改善）

所以我在ＰＤＣＡ日報表中加入手帳與日記的功能。這張日報表不是給上司看的，而是為了自我成長，所以可以毫無顧忌地寫入失敗或需要注意的事項。

請將一個月的日報表、月計畫表、年計畫表和我的地圖裝成一組，放入資料夾中隨身攜帶。月計畫和年計畫的表單都和日報表相關，所以隨身帶著走是有原因的，之後的章節會一一解說。在運用ＰＤＣＡ日報表時，填寫的時機也很重要，可以參照第二十九頁的「填寫ＰＤＣＡ日報表的時機」。

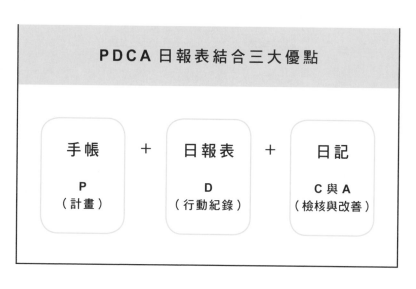

PDCA 日報表的 4 項組合①

我的地圖

時間	理想	夢想
5 年後		
3 年後		
1 年後	（例）想擔任的職務、銷售目標、想達成的夢想。	（例）想買房、想要〇〇、想打造這樣的家庭。

描繪工作、個人理想與夢想

寫下 1 年後、3 年後和 5 年後
的工作和私生活的理想狀態和目標。
「想買〇〇」等物欲也 OK。

PDCA 日報表的 4 項組合②

年計畫表

年

年計畫表

1 月	
2 月	
3 月	
4 月	
5 月	
6 月	
7 月	
8 月	
9 月	
10 月	
11 月	
12 月	

規劃未來，訂立計畫

規劃自己的 1 年，
一想到「想做的事」和「該做的事」
就寫進去。

PDCA 日報表的 4 項組合③

月計畫表

年　　　　　　月份

月計畫表

	7：00~（早上）	12：00~（下午）	17：00~（晚上）
1 日			
2 日			
3 日			
4 日			
5 日			
6 日			
7 日			
8 日			
9 日			
10 日			
11 日			
12 日			
13 日			
14 日			
15 日			
16 日			
17 日			
18 日			
19 日			
20 日			
21 日			
22 日			
23 日			
24 日			
25 日			
26 日			
27 日			
28 日			
29 日			
30 日			
31 日			

將大致預定更加具象化

將年計畫表更為具體化，
具體落實到每個月，
請「預約」自己的時間。

PDCA 日報表 4 項組合④

日報表

年　月　日　星期

提振精神的一句話：

夢想・希望

	今日預定	實際結果	空檔任務 ☑	耗時任務	期限
7:00			☐		
8:00			☐		
9:00			☐		
10:00			☐		
11:00			☐		
12:00			☐		
13:00			☐	本月想做的事	
14:00			☐		
15:00			☐		
16:00			☐		
17:00			今日目標		
18:00					
19:00					
20:00			今日結果		
21:00					
22:00					

順利的事（Good job）・感謝	規則化
不順利的事（Bad job）・反省	改善方法
鼓勵・為自己加油	備忘錄

PDCA 的基本，持續才是關鍵！

持續就是力量，要確實執行 PDCA，
最重要的就是持續寫下去。
只要三個月就學得會！

PDCA日報表的寫法

接下來要說明日報表的寫法。日報表會因為使用者的期望或需求而改變項目來運用，所以我先用「標準版」做解說，之後會再介紹改變項目的版本。我在每個項目中都填上了編號，請讀者們照順序閱讀即可。

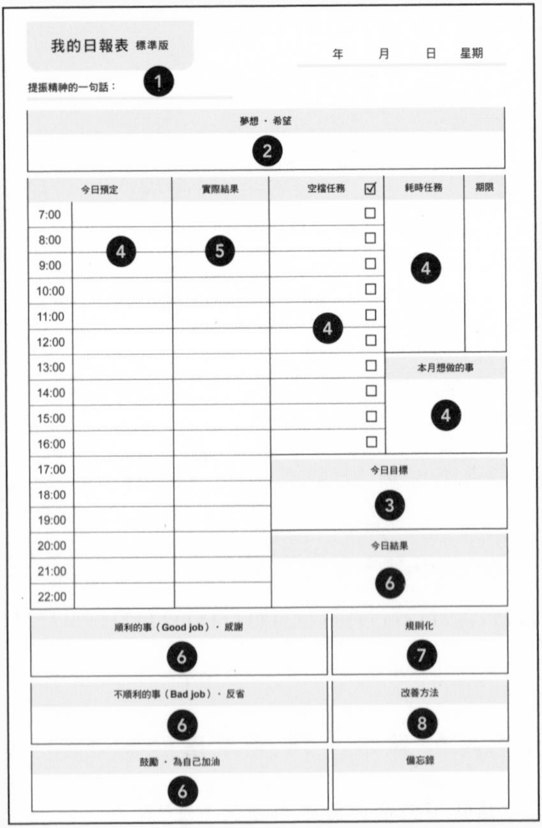

❶ 提振精神的一句話

用明確的目的意識，寫下能積極度過今天的話。重點是，要能讓自己拿出幹勁或提振精神，或是正向宣言。

（例）「我要達成〇〇萬日圓的營業額！」「擁有資訊的一人勝過沒有資訊的一百人」。

❷ 寫下「夢想．希望」，提升幹勁

把達成目標時的興奮情緒寫下來。不只可以寫下對將來的展望，也可以寫下若得到了會很開心的東西，也就是物欲，或是把寫在「我的地圖」的事情寫在此欄位也ＯＫ。

（例）「要買〇〇的手錶」、「靠〇〇稱霸日本」。

❸ 具體寫下「今日目標」

具體寫下預計要達成的事。若無法立刻想到目標，可以寫下當日營業額、來客數、業務訪問件數等數值目標。

（例）「完成促銷傳單的草稿」、「成功取得〇件的客戶訂單」。

❹ 排入「今日預定」

寫下當日的工作時間表與任務，而任務可分為兩種思考模式。所需時間不滿十五分鐘就能結束的「空檔任務」，和要花十五分鐘以上的「耗時任務」。

（例）「獲得〇件的客戶預約」、「利用搭車的移動時間，思考廣告的主文案」（空檔任務）、「修訂業務手冊」（耗時任務）。

❺ 老實寫下「實際結果」

寫下採取行動後的結果，以及從結果中獲得的感想。

（例）「做了〇〇就被罵了」。

❻ 評價「今日結果」

檢查今日預定與行動後的結果，分成「順利的事」和「不順利的事」填寫。

（例）「若是穿著工作服去跑業務，比平常更容易和對方講價」。

❼將順利的事「規則化」

一邊回顧當天的行動，一邊分析「順利的事」的原因，並將行動規則化，好讓以後也能持續下去。規則化後的成功行動，更可以全體規範化，就可以應用到自己以外的員工身上。

（例）「穿工作服而非穿西裝跑業務」。

❽思考不順利之事的「改善對策」

針對「不順利的事」要加以改善，或是停止該項行動。若能每日持續地「將順利的事規則化」以及「改善不順利的事」，只要幾個月就有戲劇性的變化。

（例）「回頭客很少↓每月推出開發一道新菜，推出新鮮貨」。

日報表書寫範例

我的日報表 標準版

2019 年 5 月 13 日 星期一

提振精神的一句話：每星期吃一次烤肉！

夢想・希望

年營業額 10 億日圓的改建公司，首先是年營業額 1 億！

	今日預定	實際結果	空檔任務	☑
7:00			跟大島先生約見面	☑
8:00			修理澤田先生的門	☐
9:00	在附近四處打招呼	30 件訪問 18 件有人在家	跟青山先生約見面	☑
10:00	+ 跑業務	談到話的 只有 11 件	幫田中宅邸估價	☑
11:00	移動		幫松田宅邸估價	☑
12:00	中餐		幫杉山宅邸估價	☑
13:00	希望之丘集合住宅	86 件訪問		☐
14:00	跑業務	16 件有人在家 談到話的只有 8 件		☐
15:00		武田先生（租屋老闆）		☐
16:00	移動	原田先生（經營公寓）		☐
17:00	事務所	經原田先生介紹了不動產公司		
18:00				
19:00	用餐			
20:00				
21:00	練習業務對話			
22:00				

耗時任務	期限
顧客事例集	5 月末
房屋清潔手冊	5 月末
網頁用原稿	6 月中旬

本月想做的事

去不動產公司跑業務

今日目標

訪問 20 件（月 400 件，到昨天為止是 143 件）
營業額 每月 400 萬（累計 120 萬，到昨天為止還差 280 萬）

今日結果

訪問 19 件（累計 162 件，到昨天為止是 143 件）
營業額 0 元（累計 120 萬，距離目標還有 280 萬）

順利的事（Good job）・感謝

經顧客介紹了有改建案的不動產公司

規則化

多去不動產公司跑業務

不順利的事（Bad job）・反省

尤其是在下午時，很多人都不在家，效率很差

改善方法

早上去個人住宅，
下午去不動產公司跑業務

鼓勵・為自己加油

更加提升營業額！

備忘錄

跑不動產公司業務時製作工具

填寫PDCA日報表的時機

實踐PDCA日報表時，最重要的就是書寫時間。

普遍認為，日報表是在結束一日的業務後填寫。可是，在工作時想到了什麼好點子，或是做了什麼導致失敗等細節，若沒有當下立刻記下來就會忘記。因此針對我們的客戶，我會希望他們將一個月份的日報表訂在文件夾上隨身攜帶，經常書寫。

最有效的就是分成三次書寫：早上、工作時和晚上。早上開始工作前寫下今日預定；白天工作時隨身攜帶日報表，發現什麼就寫下來；晚上結束一天的工作之後，一邊回顧當天，一邊思考順利的事以及改善方法。總之請記住，PDCA日報表寫法是，「早上五分鐘，白天想到就寫，晚上七分鐘」。

那麼，接下來詳細介紹PDCA日報表的書寫時間吧。

寫 PDCA 日報表的時間點很重要

早上 5 分鐘　寫下 1 天的計畫
（抱持著確切目標與目的意識）

白天想到就寫　寫下行動・思考的事
（寫下來以免忘記在工作中想到或察覺到的事）

晚上 7 分鐘　回顧 1 天，進行改善
（延續好事，改善不好之處）

記住
「早上 5 分鐘，白天想到就寫，晚上 7 分鐘」！

早上五分鐘要做的事

首先是早上。所需時間為五分鐘。

工作前，在日報表的最上方寫下**「提振精神的一句話」**。可以寫得很具體，像是「達成〇〇萬日圓營業額！」、「拿到〇件訂單！」也可以寫下策略或口號，像是「對眼前的人展露笑容」、「與其煩惱不如行動」。重點是積極地度過一天的正向宣言。

其次要寫的是「夢想．希望」。這裡可以寫下展望，像是「公司的年交易總額達到〇億日圓」、「想讓顧客開心」等。以我為例，我所寫的是「培育一千名日報表顧問，改變日本」，但是因為每天寫同樣的事也會膩，所以請依當天的心情改變內容吧。

前幾天在神戶舉辦講座時，我在日報表的「夢想．希望」一欄中，寫下了

「想吃好吃的神戶牛！」重要的是自己的情緒是否會因為這句話而高昂。也可以寫下想要的東西、想獲得的東西等物欲，像是「想要〇〇的手錶」或是「想在〇〇蓋一棟房子」等。

持續書寫日報表，業績提升後，所有客戶們所寫的內容都會從自己的物欲變成帶給公司員工幸福或做有益社會的事。成長中的企業經營者，會出現這個改變很有趣，但不需要從一開始就太過刻意或逞強。

寫下「提振精神的一句話」以及「夢想・希望」的目的，是為了從早上就能提振一天的工作情緒。情緒是提升工作表現的重要因素之一，即便是每天做同樣的工作，情緒高昂更容易做出成果。

預約自己的時間

接下來則是書寫今天必須要達成的**「目標」**，也要想一下事前做好的預約等，將時間表寫入**「今日預定」**中。請將今天之後的預定，也全都寫入年計畫表與月計畫表，並寫入今天非做不可的任務。以十五分鐘為基準，分類成十五分鐘以內可以結束的**「空檔任務」**以及要花到十五分鐘以上的**「耗時任務」**，還要寫入緊急度沒那麼高的「本月想做的事」。

將應做、想做的事，依緊急度與重要度做分別，整理成四類：「緊急度高×重要度高」、「緊急度高×重要度低」、「緊急度低×重要度高」和「緊急度低×重要度低」，就能更妥善管理時間。隨時在腦中想像如下頁的四象限矩陣圖。當然，優先度最高的是被分為**「緊急度高×重要度高」**的。

這些就是利用早上五分鐘要填寫的內容，一開始可能會因為不習慣而花費超過五分鐘，但很快就會習慣了，所以不用擔心。接下來則是「白天想到就寫」。

緊急度與重要度的四象限

高
緊急度
低
• 寫廣告文案
• 製作要給會計師的資料
• 回覆諮詢郵件
• 製作提案資料
• 應對客訴
• 製作事業計畫書申請銀行融資
• 開拓新客戶
• 整理桌子
• 確認業界新聞
• 製作業務用信件草稿
• 企劃新產品
• 改寫業務話術、工具
• 調查潛在客戶
• 製作徵人動畫
低
重要度
高

白天想到就寫

白天則是要寫下**「實際結果」**以及感想。這是為了自我成長而寫的日報表，不是要報告給誰看的，所以重點是要誠實、坦率並具體地書寫。

不僅是順利的事，連不順利的事也請毫不保留地寫下來，然後晚上回到公司或是回家後，再看一次白天寫的東西，也就是複習。早上五分鐘所訂立的當日計畫相當於預習。像這樣使用日報表，每天重複預習與複習，不斷提升經營技巧，就是活用日報表的最重要目的，因此寫日報表的時間點很重要。

我在成為日報表顧問之前，從事過很多種職種（主要是業務與銷售），從餐飲業、服裝販售到土木工程業都有。擔任建築業務時，我會在跑完業務後，在車上寫；做服裝銷售時是將日報表資料夾放在收銀檯下方，結完帳、送走顧客後，勤奮記下接待客人的結果。

機會就在細微的變化中

行動後立刻書寫，這一點非常重要，因為要是不馬上寫下來就會忘記。若是想著統整在一起後一次寫，絕對會忘記，人就是這麼健忘。尤其是碰到不好的經驗時，就會立刻忘記。業務工作不順利時，就會連續發生不好的經驗，我也有過這樣的經驗。努力跑業務，卻不斷被客戶拒絕，所以心情很差，就會想立刻忘記。這種狀態下，就算晚上回到辦公室，想回想早上發生過的事，也很難再想起細節。因此在接待客戶、跑業務、談生意之後，都要寫下結果以及注意事項，很簡短也無所謂，千萬別忘了這點！

以前我還是土木工程公司的業務時，曾跑過好幾間不動產公司。我的工作內容是接受不動產公司所持有的租賃物件改建工程訂單，因為公司規模很小，所以即使是業務也會穿著工作服去幫忙現場的改建工程。

之前跑業務時，我都忙到沒時間換西裝，就直接穿著工作服去見客戶了。因為我之前曾經在客戶公司的停車場換西裝，殊不知都被其他員工看見了，還曾經因為很急著換衣服，所以襯衫下襬沒有紮好等等的糗事。

結果那天我就穿著工作服去拜訪客戶了，沒想到奇妙的變化發生了。平時與客戶商談時，大多是站著把話說完，但那天客戶卻請我入坐，還端茶給我喝，當然能說到話的時間也比平常更長（之後我會再說明原因）。結束拜訪後，我在車內寫下：「下午三點：○○○○不動產端茶給我了，感動！」其實日報表的好處就像這樣，能在忘記一些細微的變化前立刻記錄下來。

晚上七分鐘要做的事

結束工作後，晚上花七分鐘回顧這一天。或許有人會覺得七分鐘很半吊子，但據說人最能集中精神的時間是十五分鐘。例如需要非常高專注力的同步口譯者，能做到最好的極限就是十五分鐘，據說每十五分鐘就替換成其他口譯者是最理想的。所以十五分鐘的一半七分鐘，就能維持專注力，也不會那麼疲累，所以才這麼設定。

剛開始執行時，會因為東想西想而花上二三十分鐘，但是請盡可能在七分鐘內結束，這是為了能長久持續寫日報表的一個祕訣。若是花很長時間去寫日報表，漸漸地就會覺得麻煩，而且經常會因為一些小事就中斷寫日報表的習慣，像是忘了帶，或是紙張破損。在七分鐘內專心書寫，即便想再多寫一些，時間到就要停手。

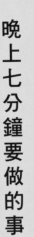

晚上寫日報表時，要針對「今日目標」的結果如何，先寫**「今日結果」**的欄位。視業種不同，若能將每月的營業目標分成每天的目標，就請將那數字寫成目標，在**「今日結果」**一欄中寫下當日結果與從月初到當日為止的進展情況（超出目標多少？還差目標多少？）。若是不足，就要思考對策該如何補救。

接下來是日報表最重要的部分，回顧**「順利的事（Good job）」**與**「不順利的事（Bad job）」**。先前提到，我直接穿工作服去拜訪客戶，沒想到對方卻端茶給我，這就是Good job。為什麼穿工作服去跑業務，客戶的應對更好了呢？我分析後，覺得原因是比起穿西裝，穿著工作服更能降低對方的心理隔閡，並且產生親近感，然後我就把這個分析結果寫入**「順利的事」**之中。

因為想讓其他公司的業務商談也同樣順利，就要將順利的事**「規則化」**。也就是說，去別間公司拜訪時也試著穿工作服去。

接下來就來思考**「不順利的事（Bad job）」**吧。

想辦法將缺點變優點

我還在當業務時，客戶時常會用「因為你還年輕」這句話來拒絕我。所謂「還年輕」的意思是，沒有成績所以讓人不安、無法信任或是容易發生風險。客戶基本上都會找拒絕的理由。雖然每月都會和各種類型的公司有業務往來，但不是所有的回應都是好的，大多時候都是被拒絕的。

當時我才二十多歲，是真的很年輕，所以被人說「因為你還年輕」時，實在難以反駁。因此我會在晚上，於**「不順利的事（Bad job）」**一欄中，寫下「今天也被人說『因為你還年輕』」，努力思考改善對策。

有沒有什麼能正面表現「年輕」這點呢？年齡無法改變，如果客戶是用負面角度看待「年輕」這件事，那麼只要具體展現出「年輕」的積極性，就能讓對方不再推辭。我想出來的是「有年輕與速度就不會輸」這句標語，這個方法能扭轉對方的既定印象：因為年輕，所以行動快速，稍微勉強些也經得住。因此我在**「改善方法」**一欄中寫下「標語：年輕與速度在任何地方都不會輸」。

微小的改變讓訂單爆量

之後工作服與這句標語就成了我跑業務的武器。在被對方說太年輕之前，我就會先說，只要年輕又速度快就不會輸。結果因為我先提到年輕，對方就無法用這點反駁我了。

關於速度，我不只是說說而已，還會去調整工期與調度人手，用兩個月完成其他公司需要花費兩個半月才能完成的改建工程，向潛在客戶提案時，訂單竟然提高了七～八成。對不動產公司來說，能提早半個月完工，就能提早收到半個月的房租，接單的機率自然會提升。

手寫日報表的優點就在於，可以立刻記下工作中細微的變化、成功經驗和失敗經驗。千萬要記得！察覺變化時要立刻記下，不然很快就會忘記。不記下就會陷入惡性循環，重複著同樣的失敗、心情變糟，最後就是放棄目標。

順利的事規則化，就能多加應用

其次重要的是將順利的事規則化，就能應用在其他工作上，另一方面，改善不順利的事，留意不要重蹈覆轍。若能每天重複做這些事，一年後就會有脫胎換骨的成長，我稱之為複利成長。

例如不斷使用日報表來進行改善，一個月就會出現三%的差距。若是用複利循環月息三%，一年就會變成一・四二倍，就是像這樣的感覺。

前面的例子都是用「標準版」的PDCA日報表，所有業種都能使用，一開始先學會並習慣填寫標準版日報表，之後再依業種不同或客戶需求改變日報表的欄目。

以下的表格適合用在經營餐飲店與網路電商。

我的日報表（餐飲店版）

年　月　日　星期

提振精神的一句話：

夢想．希望

今日預定		實際結果	空檔任務 ☑
7:00			☐
8:00			☐
9:00			☐
10:00			☐
11:00			☐
12:00			☐
13:00			☐
14:00			☐
15:00			☐
16:00			
17:00			
18:00			
19:00			
20:00			
21:00			
22:00			
23:00			
0:00			
1:00			

耗時任務	期限

有時間想做的事

今日銷售目標	今日為止的銷售額
日圓	日圓

今日目標		今日結果	
〔中餐〕		〔中餐〕	
來客數	人	來客數	人
銷售額	日圓	銷售額	日圓
客單價	日圓	客單價	日圓
新客人	幾組	新客人	幾組
回頭客	幾組	回頭客	幾組
〔晚餐〕		〔晚餐〕	
來客數	人	來客數	人
銷售額	日圓	銷售額	日圓
客單價	日圓	客單價	日圓
新客人	幾組	新客人	幾組
回頭客	幾組	回頭客	幾組

順利的事（Good job）．感謝	規則化

不順利的事（Bad job）．反省	改善方法

鼓勵．為自己加油	備忘錄

我的日報表（網路電商版）

年　　月　　日　星期

提振精神的一句話：

夢想・希望

今日預定		實際結果	空檔任務	☑
6:00				☐
7:00				☐
8:00				☐
9:00				☐
10:00				☐
11:00				☐
12:00				☐
13:00				
14:00				
15:00				
16:00				
17:00				
18:00				
19:00				
20:00				
21:00				
22:00				
23:00				
0:00				

耗時任務	期限

有時間想做的事

目標與實績（店鋪）	
今日目標營業額	日圓
今日實績	日圓
本月目標營業額	日圓
今日為止的營業額	日圓
距目標營業額還有	日圓
今日來店人數	人
今日新客人來店數	人
今日目標購入者人數	人

新客人來店原因	
經人介紹	人
廣告	人
本公司 HP	人
IG	人
臉書	人
部落格	人
推特	人
時事通訊	人

今日賣出物件・點選數較多的物件（網路）	
（Rakuten）	（Yahoo!）
（Amazon）	（本公司 HP）

順利的事（Good job）・感謝	規則化

不順利的事（Bad job）・反省	改善方法

鼓勵・為自己加油	備忘錄

確實執行PDCA日報表，效果立見

各位有聽過「飲食日記」（Recording Diet）嗎？Recording就是記錄，藉由每天在日記上記錄體重與吃的東西，輕鬆減輕體重的瘦身法。實際在醫療現場也會採用飲食日記來做為治療肥胖的一環，而且也確實有減重的效果，手機上的APP也有很多這種程式。

為什麼飲食日記有效呢？因為這是將難以看見的東西可視化，就如同順利執行PDCA循環般。

P（計畫） 輕鬆減輕體重。

D（執行） 記錄當天吃的東西、體重等。

C（檢核） 思考飲食內容、分量、均衡、與體重間的關係、運動等。

D（改善） 持續好的事物，改善不好的地方。

活用日報表
不斷執行 PDCA 吧！

用日常累積的經驗與變化紀錄，從中導出提升業績的具體方案，將成為提升業績的原動力。

①
PLAN
從月計畫表與回顧昨日中，寫出今日行動。
②
DO
將日報表放入文件夾中，隨身攜帶，當場寫入行動結果與感想。
③
CHECK
回顧一天發生的事、行動結果等，整理出「好事」與「不好的事」。
④
ACTION
將好事規則化，針對不好的事想出改善對策，於隔天試做。

中餐以及晚餐吃了些什麼？很多人都決定得很隨便、馬虎，只會決定「中午吃了蕎麥麵，晚餐就不想吃麵類」之類的，通常很難考慮一整天的營養均衡以及卡路里總攝取量。

但是，開始寫飲食日記後，飲食意識就改變了。因為每餐吃些什麼變得可視化，吃下去的結果也會變成體重，一邊看著每天的體重變動，就會產生各種健康意識，想著吃了什麼會胖？有無偏食？什麼時候身體狀況比較好等等。修正不好的地方，持續好的地方，透過這樣的日常累積，就能輕鬆控制體重，這就是飲食日記的機制，這和日報表的效果是一樣的。

不論是哪種業種，都很難看見業務內容，若是只憑個人感覺，就無法改善業務。漫不經心的飲食，只會變得愈來愈不健康。因此要盡可能用數字明確寫出每日、每週、每月的目標（預定），正確掌握自己的現況現是非常重要的。

人只要把所有事情可視化，就會在無意識中想提升數字，想縮短與目標之間的差距。古代哲學家亞里斯多德的名言：「人是追求目標的動物」，在這句話後面，他還說了：「只要為了想達到目標而努力，人生就會變得有意義。」

寫日報表時的四個具體的注意點．心態

開始寫日報表後，希望大家經常注意到行動、數字、習慣化和改善這四點。請每月一次檢查此處所寫的具體項目。

① 行動

- □做了多少次何種行動？
- □如何度過一天？
- □是以怎樣的比例採取怎樣的行動？
- □能標示出優先順位嗎？
- □行動模式是理想的嗎？

② 數字

- □能用數字把握目標嗎？
- □可以寫入目標、實績和累計數字嗎？
- □對數字有危機感嗎？
- □對數字有企圖心嗎？
- □有行動目標的數值嗎？
- □能將數字落實到行動中嗎？

③ 習慣化

- □能徹底做到早上 5 分鐘、白天想到就寫、晚上 7 分鐘的規定嗎？
- □有隨身攜帶日報表，在行動或思考後立刻寫入嗎？
- □有具體寫下客戶公司名稱或負責人姓名嗎？
- □寫下的內容都是積極正面的嗎？

④ 改善

- □能察覺好的地方和不好的地方嗎？
- □能看出下次應該要做的事嗎？
- □有確實反省嗎？
- □針對不足或不滿意之處有思考解決對策嗎？
- □有確實思考並連結到下次的行動嗎？

第五章會提到，每個月結束時，希望各位至少在一週內做出每月的核算表，結算各部門的營業額與經費數值（推定值），請檢核是否有達成目標（預定）。知名的京瓷變形蟲式管理①就是活用了這種部門別的核算。觀察實際的營收數字與每月目標間的差異，並努力思考對策。

目標馬虎的人不會成功

我們的客戶是中小企業的經營者和從事業務的員工，在諮詢的初期階段，我們會問：「引進日報表後想變成怎麼樣呢？」

大部分的人會說：「想大幅提升營業額。」可是所謂的「大幅」只是模糊的形容詞，對於實際的目標沒有幫助。若是看不見終點，人是不可能往前走的。要

①變形蟲式管理：由創作者和現任京瓷名譽主席稻盛和夫設計的管理系統。

像「三年內將營業額提高兩倍」這樣提出具體的數字，先決定第一個目標地點，思考該如何到達那裡。

之前提到的飲食日記也是，若是能在一開始就具體設定好自己想變成什麼樣，會更能提升效果。不僅是目標體重，還要想像著買了尺寸稍微小一點的牛仔褲，並且想像穿著它的模樣。日報表中有**「夢想與希望」**的欄位，藉由每天不停地確認，就能烙印在潛意識中，成為改善業務的活力。

提高簽約率的魔法原子筆

將改善習慣化和飲食日記有很大的共通點，回顧一日的業務，持續將好事規則化，改善不好之處。只要這樣持續下去，就會不斷增加好事。此外，藉由經常保持這樣的觀點，就能察覺到之前沒注意到的改善處、課題以及創意。只是察覺一些小事也可以，重要的是數量多寡。

我以前還是土木建設公司的業務時，曾有一個煩惱。與客戶商談到最後階段，也就是在簽約時，客戶都不太願意在合約上簽名，經常會說「今天還不是時候」而延後簽約。

在簽約階段拖延是非常危險的，打鐵趁熱是鐵則。所以祕訣是，趁對方正在興頭上時，趕緊拿出合約就能提升簽約率。在最後時若花費太多時間很危險，因為對方改變心意的風險會提高。

雖然在日報表中寫入了「於簽約時苦戰，下次一定要簽約！」但我想著，一定得拿出什麼解決方案來。連一些無聊事都包含在內，我想了很多種方法，最後我找到了一個成功率很高的方法。

Q彈大作戰

我所想出來的作戰就是讓對方隨時拿著筆，降低他在合約上簽名的心理障礙。我的所有原子筆中，有一種是在握柄的地方纏裹著非常柔軟的矽利康材質，用手指握住那裡時，可以感受到Q彈的舒適感（順帶一提，那是三菱鉛筆的

「Uni α-gel」）。

一開始談簽約的時候，我會用閒聊的方式說：「社長，最近我買了一款很有趣的原子筆喔。就是這個，像這樣握著，就會覺得很Q彈而覺得很療癒。要不要試試看？」然後讓對方握住原子筆，就只有這樣而已。

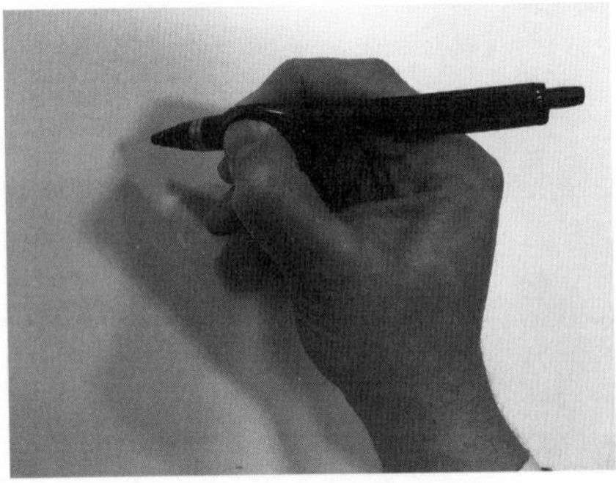

之後我算好簽約時機說：「今天就希望您能在合約上簽名」，然後將合約與Q彈的原子筆拿到對方面前，結果對方比我想像中的更快就簽名了。我把這個「Q彈原子筆大作戰」規則化之後，成功簽到了很多合約。

就像這樣，可以用業務PDCA日報表，重複寫出問題點與課題，讓所有工作可視化，思考對策（或是假設）、執行，然後再檢核其成果。

第2章

快速上手業務PDCA的訣竅

能幹的經營者、有能力的商務人士都有自我風格的PDCA執行方法，並且得到明顯的成果（雖然不知道本人是否有那個自覺）。

許多人都想過要嘗試PDCA。可是就像之前說過的，人很容易立刻忘記想做的事，以及當時的所思所想。所以若是想到要做什麼，就要在紙上寫出具體內容，設定期限，一邊定期回顧，一邊注意與目標之間的差距並隨時修正，只要沒有習慣管理進度，立刻就會遭遇挫折。

因此PDCA日報表才會發揮力量。只要活用日報表，所有人都能簡單地快速執行PDCA，擁有好成果。那麼，就先來解說一下有效執行PDCA的訣竅，首先是P（計畫）。

PDCA PLAN 要做什麼？

有時，想做的事只有一個，或是想做的事有很多。所以，首先把想做的事列出來。接著，針對想做的事，一一分析內容並細分化。

以我的公司為例，我是幫客戶修改日報表並提出修改建議，所以我設定在半年內將月交易總額從一五〇萬日圓提升到三〇〇萬日圓。只是決定要將業績翻倍，卻不知道該從何下手。所以必須不斷細分化「營業額倍增」這項計畫。只要細分化，就會浮現出應做事項的輪廓，因此很有趣。

具體來說，要讓業績倍增，有三種作法（實施項目）。第一個是「擴大業務件數」，第二個是「提升簽約率」，第三個是「縮短修正時間」。在日報表服務中，客戶會送來他們寫的日報表，我們會做修正後回信，若能縮短時間，就能多分點時間給業務。相對於一般企業，應該是「提升生產性」。

我可以想出實現「擴大業務件數」的方法是「列出目標（潛在客戶）清單」和「將業務過程效率化」。同樣地，我也思考了關於「提升簽約率」以及「縮短修正時間」的施行辦法。

第五十七頁的「PLAN 樹狀圖」就是將目的、進行項目、進行方式以及想做的事細分化，該做的事明確化的表單。書中同樣準備了空白表單，請各位務必

PLAN（計畫）的訣竅

- 要做什麼？現有的做法＋創意挑戰
- 確立目的、目標
- 決定終點
- 排定優先順序，決定做到什麼程度、怎麼做、要做出怎樣的成果
- 列出風險清單，預先思考 B 計畫

試寫看看製作屬於自己的「PLAN 樹狀圖」。

從這裡要更細分化「實行方法」，只要一一決定好「負責人」、「時期」和「時程表」，誰？到什麼時候？必須拿出什麼樣的成果？到達成目標之前的路徑就會非常具體。計畫的細節愈具體，就愈容易確認進展狀況，目標的達成率就愈高。將這些統整起來的，就是六十頁的「PLAN 製作頁面」。

在「PLAN 製作頁面」階段，決定數字與期限非常重要。在範例中的「進行項目」欄目中，寫有「新客戶五件↓新客戶十五件」的目標數值，像這樣有具體數

PLAN 樹狀圖範例

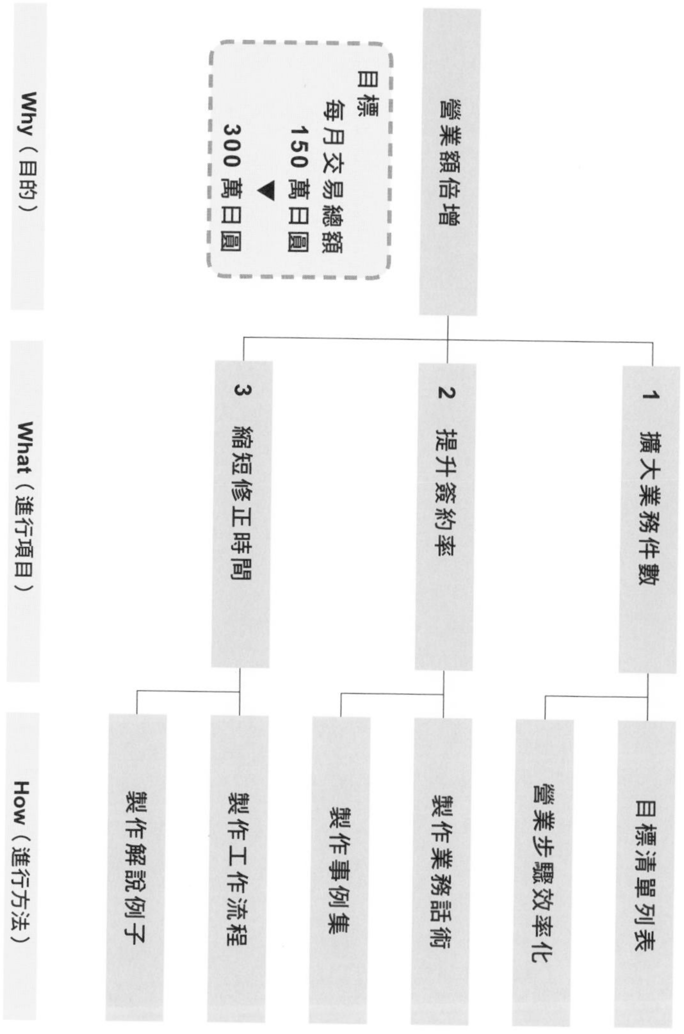
Why（目的）
營業額倍增
目標
每月交易總額
150萬日圓
▼
300萬日圓
What（進行項目）
1 擴大業務件數
2 提升簽約率
3 縮短修正時間
How（進行方法）
目標清單列表
營業步驟效率化
製作業務話術
製作事例集
製作工作流程
製作解說例子

試寫 PLAN 樹狀圖吧

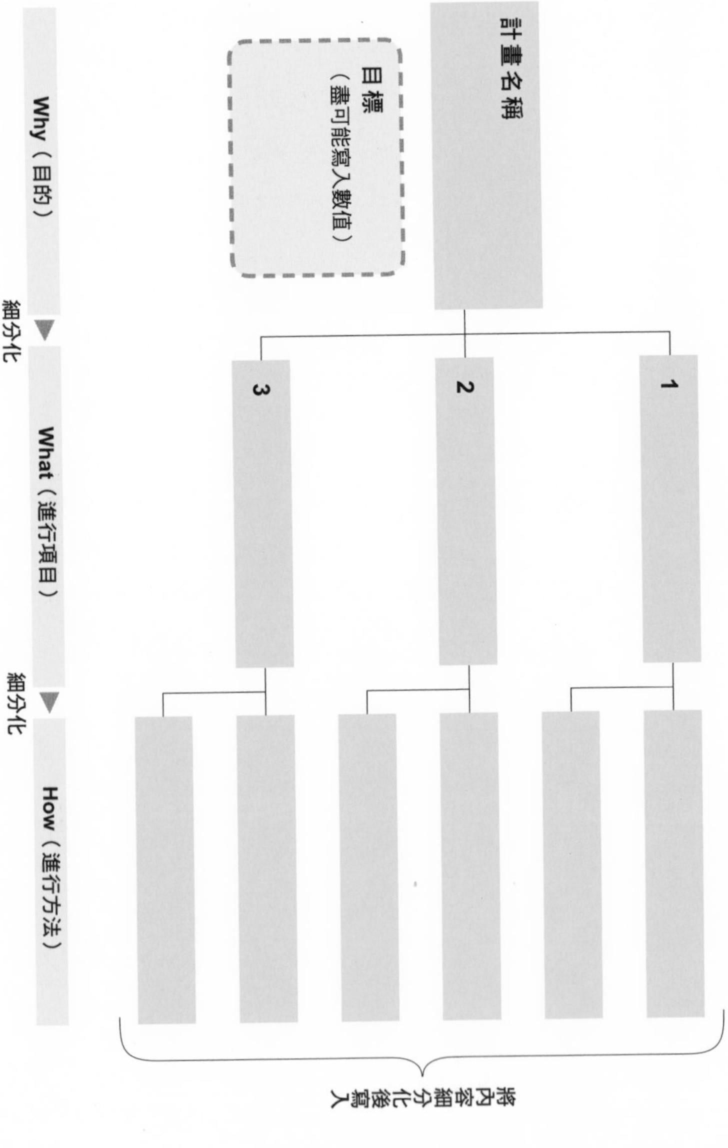
計畫名稱
目標
（盡可能寫入數值）
Why（目的）
細分化
What（進行項目）
細分化
How（進行方法）
1
2
3
將內容細分化後寫入

字，就能正確管理進度。

若將「進行項目」細分為「進行方法」，就能決定由誰負責，也能決定進行方法的「開始日」與「結束日」。預先決定誰要做什麼、做到什麼時候，在計畫中是極為重要的。

關於「PLAN製作頁面」的範例，將在六十、六十一和六十二頁中，以我的公司、網路電商和服飾店為案例。

防備風險

進行計畫時，還要寫「預設風險」，思考「發生前的迴避方法」以及「發生後的應對方法」。以這個範例來說，「預設風險」可以想到有完全簽不到約、客戶沒有如預想般增加。

首先要思考「發生前的迴避方法」。具體來說，必須要重新評估拜訪客戶的清單，以及詳查業務步驟等，而且也要事先想到「發生後的應對方法」。重要的

製作 PLAN 頁面（標準版）

Why（目的）	What（進行項目）	How（實行方法）	Who（負責人）	When（時期）		行程表	
PLAN 名稱：營業額倍增 每月交易總額 150 萬日圓→ 300 萬日圓				開始日	結束日	4 月	5 月
營業額倍增	擴大業務件數 新客戶 5 件 ▶新客戶 15 件	5 人以下企業清單列表					
		整理跑業務處清單					
		公司內部共享業務清單					
		製作各地區行程表					
		業務步驟效率化					
		製作業務內容摘要傳單					
		確保業務時間					
	提升效率 1/3 ▶ 1/2	製作業務話術					
		製作顧客事例集					
		製作跑業務時的問題集					
		確立處理反駁意見的方法					
		決定訪問次數的規則					
		共有契約事例					
	修改時間的縮短化 1 張 10 分 ▶ 1 張 5 分	製作修改流程					
		改良修改方法					
		製作修改意見範例					
		訂定修改意見的規則					
		試行修改時間					
		計算修改時間					

製作 PLAN 頁面（網路電商）

Why（目的）	What（進行項目）	How（實行方法）	Who（負責
PLAN 名稱：營業額倍增　每月交易總額 225 萬日圓→ 450 萬日圓			
提升單一用戶數 每月 1.5 萬人▶ 1.95 萬人	增加廣告費	在入口網站露出圖標廣告	
		在動畫（YouTube）上露出廣告	
		動態搜尋廣告	
		在 SNS 上露出廣告	
		露出 NEWS 系廣告	
	提升時事通訊的開封率	個別製作 PC 用與手機用的時事通訊	
		分析開封時間，變更寄送時間	
		企劃時事通訊讀者限定的活動	
		進行上述的活動	
		分析過去開封率高的時事通訊	
		標題中放入、稱呼收信者的個人名（名字）	
	進行 SEO 對策	增加頁數（項目數）	
		頁面中多使用搜索關鍵字	
		濃縮目錄內容	
		製作介紹使用方法的頁面	
提升轉換率 3% ▶ 3.9%	改良商品頁面	提高商品照片品質	
		讓人了解商品細節	
		製作入口商品②	
		客觀傳播好評	
		登載顧客的迴響	
		鑽研廣告標語	
	提升商店魅力	企劃活動	
		設計得令人安心	
		製作特輯頁面	
		製作排行榜	
		製作分類	
	消除不安	讓人看見運送狀態	
		讓人看見包裝後的樣態	
		登載配送期間	
		讓人看見作業情況	
		照出相片讓人得知大小	
提升客戶單價 5000 日圓▶ 6500 日圓	加購	製作相關商品的頁面	
		打造成套商品	
		登載推薦商品	

②入口商品：指消費者在該商店購物契機的商品。

製作 PLAN 頁面（服飾店）

Why（目的）	What（進行項目）	How（進行方法）	Who
PLAN 名稱：營業額倍增　每月交易總額 300 萬日圓→ 500 萬日圓			
提升新客人來店數 月 3210 人▶ 3528 人	打造顯眼店面	外觀徹底打造得有時尚感	
		徹底打掃店前	
		打造時尚旗幟	
	發布商店資訊廣為宣傳	在免費報紙上打廣告	
		在自家網站介紹新品	
		在 SNS 上宣傳自家網站	
		在 IG 上發布穿搭範例	
		製作・發布通訊	
		舉辦美容院與時尚活動	
	來自既有客戶的發信	企劃若在 SNS 上投稿商品就能獲得獎勵的特別優惠	
		提出想向人炫耀的商品	
		舉辦時尚秀	
提升回頭客數 每月 1070 人▶ 1176 人	一年內來店消費 2 次以上	企劃・實施針對老客戶的活動	
		發送 LINE 給適合客戶的新品照片	
		一年製作 4 次穿搭集並放入 DM 中	
		送給客戶下次能使用的免費停車券	
		打造一定會售罄的限定商品	
提升購買率 新客戶 8% ▶ 10% 回頭客 16% ▶ 20%	提升接客力	增加 2 倍的試衣間引導	
		建議適合活動的穿搭	
		穿上身的衣服 2 小時內可更換	
提升客戶單價 7000 日圓▶ 8500 日圓	提升提案力	準備可以順便一起購買的小物品，促使其購買 2 樣以上	
		建議配套穿搭	
		介紹數件試穿衣物以外的商品	
		改變商店整個設計布置	
提升商品魅力	重新評估商品	增加新項目	
		決定能提升銷量的商品	
		增加能提升銷量商品的庫存	
		於開店・關店時檢查熱銷與滯銷的商品	

是，看透放棄的時機，不是所有計畫都會順利進行，尤其是以前沒做過的嶄新嘗試。誠如UNIQLO的柳井正會長所言，成功機率是一勝九敗。

雖然以失敗為前提去思考很討厭，但是明明不順利，卻還是拖拖拉拉地持續下去，只會引起更大的損失，不只是成本，還有員工的士氣會下降、顧客遠離、信用低下等等。

要繼續下去嗎？還是要停止？事前設定判斷的時間點，也可以用具體的數值等等，預先決定好停損點。重點是，下判斷時不要加入私人情緒。

準備B計畫

若是中途取消了計畫，為了填補產生的虧空，要先思考代替方案（B計畫）。若用這個案例來說，方法就是可以先準備好「請原有客戶介紹兩位以上潛在客戶給自己」的方案。

某間大型漢堡連鎖店投入新商品打廣告（一般來說是兩個星期）時，約在開始宣傳四天後就可以看到效果，若沒有出現預想的結果，就立刻中止，改換成「〇〇漢堡半價」、「〇〇奶昔〇〇日圓」等B計畫，才能確保營業額。

有準備就不用擔心，B計畫是為降低經營風險的智慧，請務必活用。到目前為止，我們已經說明了訂立計畫時的步驟，如果同時想做其他事時，我會建議客戶從成功機率最高的計畫（也就是有自信的計畫）開始做。

PDCA DO 執行

「執行」最重要的是事前準備，重點是「標準化（手冊化）」。請看一下之前「製作PLAN頁面」的「實行方法」，寫了許多為了有效行動而制定的共通規則與手冊，例如「訂定業務話術」、「確立處理反駁意見的方法」、「內容格式化」。最好能事先決定好行動模式，讓行動者不用每次都要思考。

我以我公司的日報表服務業務流程為範例。

業務流程
（日報 Station）

1 引起興趣（初次面談）30 分

自我介紹
▼
說明日報表顧問是什麼
▼
介紹自家公司
▼
介紹顧客成功事例的故事
▼
簡單說明服務流程
▼
做下一次的預約

▶

2 傾聽 60~90 分

說明、介紹自己公司、出現成果的顧客故事
▼
說說自己的夢想，以作為對方說出自己夢想的誘因
▼
傾聽對方想圓的夢・理想
▼
寫出、整理對方想圓的夢・理想。幾乎所有人都不會自己整理，所以會湧現出幹勁
▼
詳細說明服務（說明為何用日報表會有成果）

▶

3 建議（製作時程表）120 分

再次確認理想、夢想列表，以及時程表頁面上的傾聽內容

※ 關鍵提問
「可以靠自己一個人進行嗎？」
（一起做吧！）
「我認為只要社長認真起來，就會實現夢想」
「身旁有人能讓自己情緒高漲，或是能帶給自己創意與技術嗎？」
「即便有了想法，未經第三者的檢核就不能實行吧。」

▶

4 簽約（成約）120 分

在 1~3 各階段，隨時都可以進行簽約。

※ 關鍵提問
「社長想不想試著修改日報表？」
「希望慢慢拿出成果？還是以最快時間實現？」
「若能實現夢想，願意付多少錢？」
「請社長說說有所覺悟的金額」
▼
說明合約書、讀完合約背面、簽約

▶

5 簽約後的流程

製作理想、夢想列表、時程表頁面（簽約後一週內）
▼
製作日報表規格
▼
開始修改日報表
▼
開始定期面談

手冊最重要是新鮮度，要經常修訂

在營業額倍增的計畫中，將「擴大業務件數」、「提升簽約率」與「修改時間縮短化」做為「進行項目」，但光是增加業務件數就很辛苦，遑論若將「提升簽約率」一定為目標，就需要提升業務品質。

因此要事前準備好當下會用到的業務工具，像是拜訪客戶實際上到底是在做什麼？寫出工作流程，以及要和客戶說什麼？也就是事先準備好對話腳本。

也就是說，要寫在「業務流程」的內容要不斷細分化，只要看了這個，所有人都可以製作出可用業務手冊。業務手冊是活的，不是做了一次就結束，想要維持新鮮度，就要不斷修改，讓所有人都能共享成功體驗。

流程可視化

在中小企業，就算社長訂立了「營業額倍增」的計畫，很多時候都沒有事前的準備，只會對業務說：「加油！」「想辦法達成目標！」一切全憑熱情和鬥志。

優秀的業務雖然會在腦中設想業務流程與商談的題材，但那樣的人只是少數，大部分人都會不滿地說：「這樣突然跟我說要提高業績做不到啦。」

要提高業績，就必須要有能用的武器。首先，需要把優秀業務的技巧化成文字，將方法可視化。這麼一來，其他業務也能安心遵循，還能提高組織戰鬥力。此外，因為有可以遵循的規則，就能減少不滿、降低離職率等等的附加效果。

人若是每個動作都要思考後再行動，靈活性（Agility）就會降低，同時行動的品質就會低落。就像這個範例一樣，要提升業務件數，有了手冊和標準化的作業流程，就算不用一一思考也能照著做，所以做好這些事前準備是不可少的。

各位請務必參考六十八頁的表格，將工作流程可視化。六十九和七十頁的表格是以改建公司的業務流程為範例，以及第一階段中，將引人興趣的內容再更加細分化、具體化的行為檢核清單。就像這樣，不斷細分化、具體化，自然就完成了一本業務手冊。

業務流程
（打造出一定能拿出成果的固定流程，讓全員實踐）

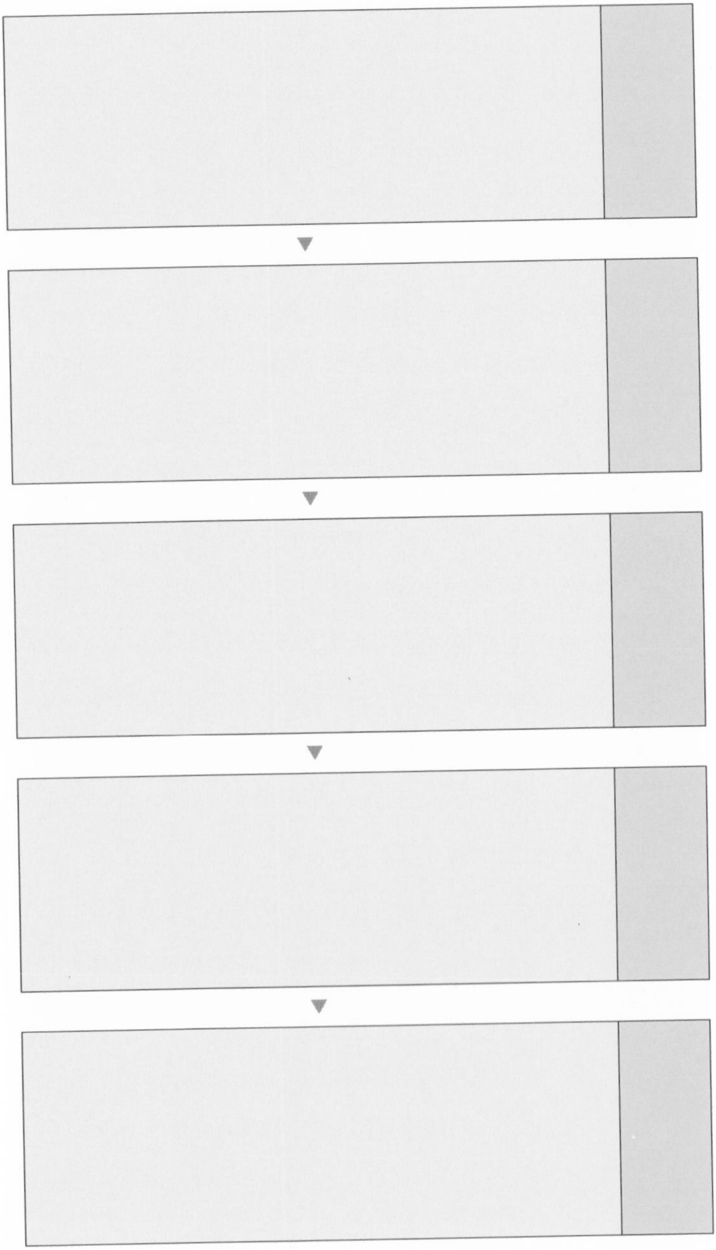

業務流程（改建公司）

引起興趣（初次面談）30~60分

打招呼（表達來訪原因）
▼
公司的說明（傳達概念、技術、堅持）
▼
介紹改建事例（讓對方覺得「想改建成那樣」）
▼
好處（省能源、補助金、宣傳活動情報等）
▼
傾聽客戶狀況
▼
獲得來公司的預約

※「公司說明」以後的順序可以臨機應變做改變。

▼

傾聽（客戶來公司）90~120分

介紹改建事例
▼
說明自家公司的堅持、與別家不同之處
▼
傾聽生活方式
▼
現狀必須進行的工程、介紹建議進行的工程
▼
詢問想進行的工程、確認時間、預算（製作大致報價）
▼
說明改建流程

※提高客人改建後的印象，讓對方覺得「想委託這間公司進行工程」。

▼

建議（在客戶家或在公司）120分

提出草案：說明草案報價（準備3種不同形式）
▼
談談接下來的生活方式（人生計畫）
▼
集中改建項目
▼
考慮預算、支付計畫
▼
決定改建細節
▼
提出估價書

※配合客戶的生活方式提案，以獲得對方說出：「想拜託你們進行工程」。若無法決定好改建內容，就促使客戶再度來公司。

▼

簽約（在客戶家或在公司）120分

一定要說明平面圖、停車位、規格明細書、工程表，讓客戶知道工程內容
▼
確認工程金額
▼
說明承包合約（一定要讀完條文）
▼
確認支付方法
▼
簽約

※直到成約前，要能持續取得預約。無法簽約時，可藉由活動與展售會定期與之接觸

▼

簽約後的流程

確實拍攝動工前照片（為了施工後讓客戶確實比對前後的不同）
▼
留下工程全紀錄
▼
進行公司內部檢查、委託人檢查
▼
交貨
▼
說明後續維修
▼
半年後的追蹤訪問

※工程做得讓客戶覺得「委託這家公司真好」，並獲得介紹

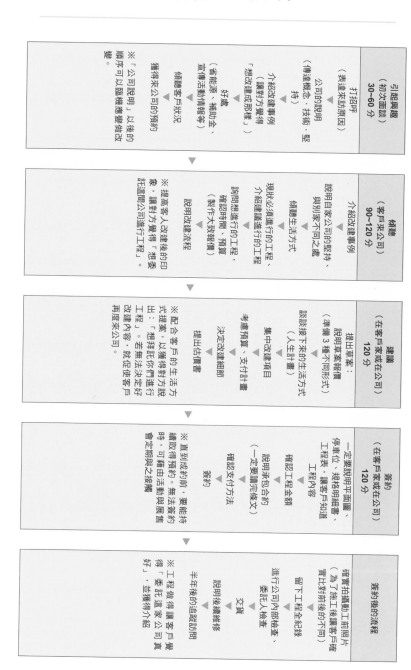

進一步分解業務流程（改建公司）

將引起興趣的部分更細分化

打招呼
- 打招呼
- 交換名片
- 告知來訪原因

（即便是突然進行的業務造訪，也要假裝是有事到附近。「跟人約了在附近見面，因提早結束，所以繞過來打招呼」。）

說明公司
- 介紹負責人
- 公司理念
- 技術之高與確實度
- 建造房屋的堅持
- 介紹受客戶支持的理由（顧客的迴響）

介紹改建事例
- 介紹讓客戶覺得「一定要做」「必須做」的改建事例
- 介紹改建過客戶的迴響，讓對方有共鳴

好處
- 省能源
- 補助金
- 宣傳活動

傾聽狀況
- 房屋狀況
- 客戶自身的狀況（生活方式）
- 感到困擾之處・不滿
- 希望・要求
- 探詢誰有決定權

預約來公司
- 加深對方對改建的興趣
- 期待對方來公司

行為檢核清單

【改建內容等】
- □是否有認識土木建築相關人士
- □目前都是委託哪裡進行工程（詢問委託的原因）
- □修建房子時的堅持
- □以前曾進行過的改建
- □是否委託了其他公司進行改建報價？
- □是否有預訂要進行與其他公司的多家報價？
- □詢問對現在的家有何不滿與理想
- □有改建的理想圖嗎？
- □知道家中維修時期與內容嗎？
- □現在家中有沒有什麼令人感到不安的地方？
- □有沒有想改建的地方、時期？

【具體的不滿】
- □室內結霜情況很嚴重
- □裂痕很多
- □地板嘎吱作響、凹陷
- □馬桶很冷
- □浴室很冷
- □等熱水出來的時間很久
- □廚房很難用
- □廚房的收納很少
- □無法開窗或窗簾
- □難停車
- □家中很陰暗
- □外觀很土
- □不喜歡榻榻米
- □沒有衣櫥

【生活方式】
- □家族構成（同居、分居兩方面）
- □家人的年齡、性格、職業、興趣、出身地
- □5 年後、10 年後、15 年後、20 年後的家族結構
- □一個禮拜如何度過（平日回家時間、回家後・假日的度過法、客人來訪頻繁度）
- □5 年後、10 年後、15 年後、20 年後居住方式的變化，工作形勢的變化
- □現在房間的使用方式
- □詢問理想的房間布局、理想的家
- □大多吃什麼料理（想做什麼料理）
- □放鬆的方式
- □搬家預定

預防行動停止

PDCA的D（執行）會出現的最大問題就是，會中途放棄行動。範例中提到，若是以團隊為單位來進行，就能彼此互相鼓勵，降低放棄的風險。例如，中小企業的經營者自己一個人要做些什麼時，不禁會想依賴某人或怠惰，偶爾也會因為寂寞，而想放棄。

為什麼即便有了目標，也決定要去做了，卻還是會中途放棄呢？我把這樣的行為變化做成七十二頁的圖，計畫會成為一種壓力，而且在做與之前不一樣的事時，壓力會變得非常大。

就心理學上來說，人在二十歲以前都偏好新奇，會積極吸收新知，但二十歲後，則偏好熟悉性，會按照自己品味興趣去選擇，會強烈避免去做不一樣的思考。因此，吸收新東西時的壓力會更高，而壓力就是一種負能量。

另一方面，行動的原動力是幹勁，這就是正能量。當幹勁勝過壓力時，就能繼續行動。也就是說，繼續行動的關鍵在於降低壓力、提升幹勁，讓幹勁維持在

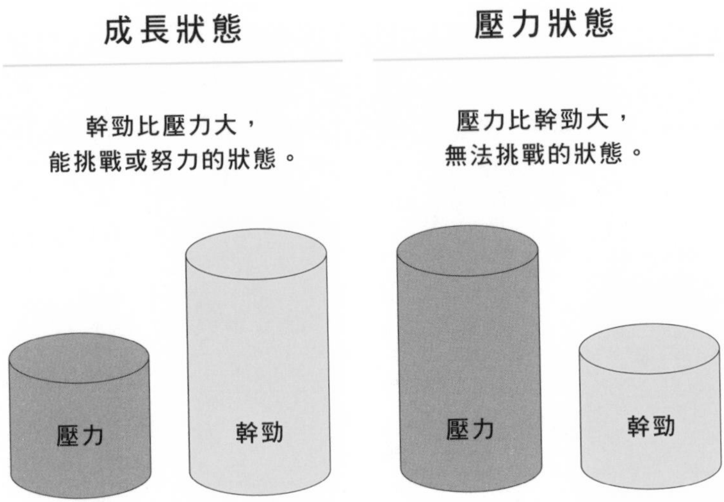

超越壓力的狀態。

最簡單的方法就是找到一起行動的夥伴。以下將介紹我推薦給客戶的四個方法。

（1）向有影響力的人做出宣言

要戰勝壓力，對某人宣言「我會一直做○○」是很有效的。宣言的對象可以選擇家人、朋友或是客戶等，對自己有很大影響力的人。若對某人做出了宣言，「中途放棄會很羞恥」這種想法就會成為擊退依賴和怠惰的負面力量。

讓自己擁有正能量的提問

Q 達成目標後，自己能成長多少？

Q 達成目標後，周圍的人會有什麼樣的反應？

Q 這個挑戰對自己的人生會有什麼影響？

Q 若持續達成目標，自己的將來會變得如何？

（2）用提問讓自己擁有正能量

建議各位對自己提問，讓自己擁有正面心態。問自己寫在上面的那四個問題，試著想像達成目標後的自己，並將答案寫在紙上。

（3）準備給自己的獎勵

我自己很常做的獎勵像是「若達成目標，就去〇〇溫泉住一晚」，準備好給自己的獎勵也能提高幹勁。獎勵可以是度假或購物，給自己鼓勵才能再度向下一步挑戰。

我們經營保險代理業的客戶，剛開始做日報表時，就在日報表的第一頁上，貼著自己想要的名牌高級手錶相片鼓勵自己。該公司於二〇一〇年開始寫日報表後，營業額倍增，現在那位經營者的手上就戴著獎勵的手錶呢。

（4）為計畫取一個有趣的名字

為接下來的計畫取一個獨特的名字，只是一個簡單的小動作，就能讓心情變愉悅，也能提升熱情。只要一點小事，就能讓自己繼續下去，請不斷累積這樣微小的匠心。

為了沒時間的人

訂立計畫時，若能分割所有時間是最理想的。但是現實生活中，一般都是有固定要完成的工作，並且設法一邊安排時間，一邊實行計畫。因為時間有限，所以會把時間花在「緊急度．重要度高」的事情上。

緊急度與重要度的四象限，就是要標出業務的優先順序，右上象限就是緊急度高、重要度也高的最優先事項。第二順位是「緊急度高・重要度低」以及「緊急度低・重要度高」，最後就是左下方的「緊急度低・重要度低」。

大家要注意一點，**被分類在「緊急度低・重要度高」的工作，其實很多是能有效提升營業額或利益的**，因此可以多花一點時間專注在右下象限的工作。因為這關係到重新評估商業模式與利益構造等事業本質的構造改革。

關於優先順位低的工作，首先要重新評估那是否為必要，若是必要，就思考該怎麼做才能提升速度。請在日報表中進行調度，盡可能將時間與勞力投入優先度高的工作中。

PDCA CHECK 檢核

接下來要進入PDCA的核心部分，該如何評價行動的結果，直接關係到自我成長與事業成就。為了評價行動的結果，就必須要有比較對象。首先會想到的

緊急度與重要度的四象限

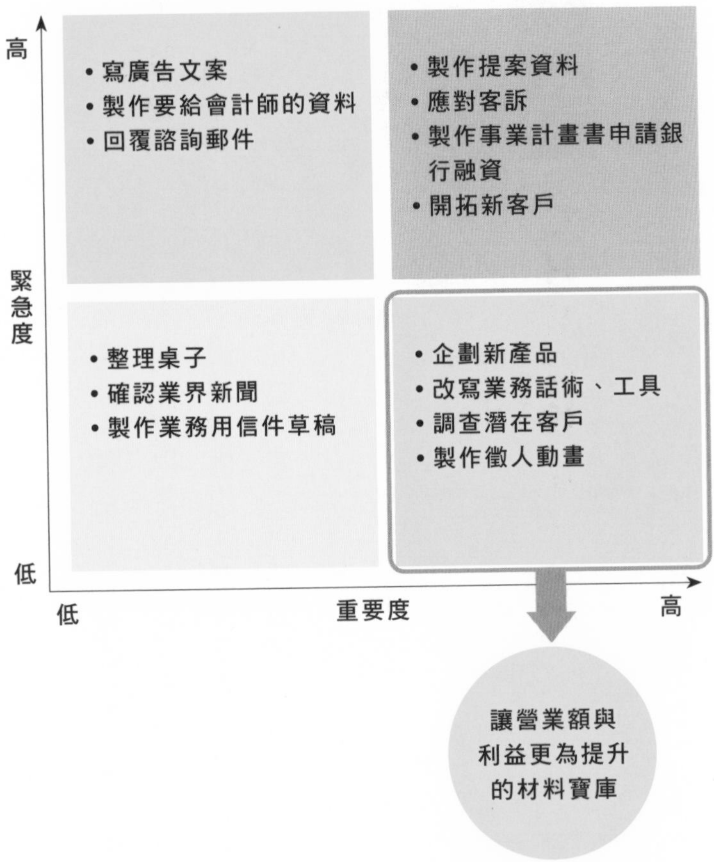

高
緊急度
低
• 寫廣告文案
• 製作要給會計師的資料
• 回覆諮詢郵件
• 製作提案資料
• 應對客訴
• 製作事業計畫書申請銀行融資
• 開拓新客戶
• 整理桌子
• 確認業界新聞
• 製作業務用信件草稿
• 企劃新產品
• 改寫業務話術、工具
• 調查潛在客戶
• 製作徵人動畫
低
重要度
高
讓營業額與利益更為提升的材料寶庫

就是在PLAN（計畫）中訂立的目標，若用範例說明的話就是「半年後讓營業額倍增」。

要實現這點，在PLAN製作頁面中就要將「擴大業務件數（新客戶五件→新客戶十五件）」、「提升簽約率（三分之一→二分之一）」「將修改時間短時間化（一張十分鐘→一張五分鐘）」等寫入「進行項目」中。在範例中，比較對象不只是月交易額的金額，寫在括弧中的才是比較對象。簡單來說，就是關鍵績效指標（Key Performance Indicator），簡稱為KPI。

做評價時，若只是追著月交易額跑，如果無法有效提升數值時，就無法追究是什麼原因。重要的是要思考讓公司營業額或利益變動的主因，並且用具體數字掌握，就能比較目標與實績。

我們在PLAN（計畫）的PLAN製作頁面已經提過，設定KPI時，將目標細分化目標才是捷徑。例如若是經營零售店為例，營業額就是「來客數」×「客單價」的結果，來客數可分為新客戶與老客戶，再仔細分析新客戶，就可以細分為來店客（沒買東西）與購入客。其他還需要考慮各種指標，像是一個人購買的品項數、商品類別的銷售額和不同年齡的男女銷售額等等。

假設計畫是「想增加兩倍的來客數」，最好能設定評價基準，像是該如何增加新客戶來店以及老客戶的回頭率等等。為了能像這樣簡單易懂地評價行動結果，製作合於目標的KPI就是不可或缺的。

年收增四倍的女性保險業務

以前我們有位客戶，是位人壽保險公司的女性業務員（A），她在兩年內讓年收增加四倍。A小姐在五十七歲時開始寫日報表，五十九歲時年收就成長四倍，而且還換到了外資的保險公司。她在新公司還有助理，她跟我說：「我已經可以自己執行PDCA，所以就不需要中司先生了。」就和本公司解除契約，可以說是本公司的優秀畢業生。

A小姐寫了日報表後的兩到三個月，我們就發現她的工作效率容易被心情影響。她在某段期間很努力，但之後就很怠惰，被所長罵了之後，又開始很努力，接著又再次進入怠惰期。她總是照著自己想法、感覺行動，就容易變成這樣。工作就是與依賴、怠惰和寂寞奮戰，這對經營者來說也一樣。

因此，我們和A小姐商量，設定了KPI。對A小姐來說，必要的是保持良好狀態下的工作量。狀態好的時候，她一天內會向四、五位顧客展示說明保險商品，因此我們將基準設定為一天進行四次展示說明。一天要拜訪四組顧客，當然要事先預約，所以在此之前必須開拓潛在客戶。A小姐聯絡了原有的客戶，並透過他們介紹了潛在客戶，她將這些資料做成名單，分成早上和晚上兩個時段，每天都會有四到五件的預約。

因為是在A小姐狀態好的情況下設定的目標，所以這個KPI對A小姐來說不難達成。此外，A小姐說得一口好話術，所以每天晚上只要用日報表反覆確認，業績的上升就會很明顯。

面對失敗的方法

就像在日報表寫法時提到，順利的事就要規則化、不順利的事就要思考原因和對策。每次的檢核最重要的是讓順利的事不斷增加，所以要做好順利的事與不順利的事的分類。

不習慣回顧失敗的話，在精神上或許會很痛苦，但是失敗中有著能讓自己進步的機會。若某件事失敗了，只要想著「這是能成長的機會！」就會興奮不已。因此，接下來的改善是不可或缺的。

PDCA

ACTION 改善

在改善的步驟中要做的是，將好事規則化、手冊化，並檢討不好的事，是要改善並繼續下去？還是要中止。書中也已經陳述過改善的實例了。

以我「營業額倍增計畫」為例，在運用限定期間的企劃時，要像八十二頁的ACTION一樣，分成目的、目標、活動和其他四項，只要檢討是否有需要重新評估，就很容易理解。開始進行企劃後一段時間，請將PDCA四步驟統整在一張表上，才能掌握整體流程。

計畫要寫入目標、活動內容、實施時期和負責人；執行是要寫入每月的進行狀況；檢核是針對目標寫下達成狀況與結果．今後的課題等等；改善則是針對重新評估的項目寫入評價、變更的必要性和變更內容。只要製作PDCA一覽表，計畫好的企劃進展就能一目了然，有助於一邊回顧好事和不好的事。

因為失敗才能做出改善

說個我在土木工程公司時代的小故事，「好事」就是我穿著工作服直接拜訪客戶，受到比平常更熱情的招待，之後我就將「穿著工作服去跑業務」規則化。先前也提過，「不好的事」，請用（1）改善（2）放棄兩個觀點去思考。

重複檢核與改善，執行 PDCA

PLAN（目的：半年內讓營業額倍增）

決定日	○○年 4 月 1 日

目標（數值目標）	活動內容	負責人	實施日期 開始日	實施日期 結束日
擴大業務件數 新客戶 5 件▶ 15 件	列出 5 人以下企業清單	○○先生	4 月 1 日	4 月 15 日
	整理跑業務地點清單	全體顧問	4 月 15 日	9 月 30 日
	將業務步驟效率化	×× 先生	4 月 1 日	5 月 31 日
提升簽約率 1/3 ▶ 1/2	製作客戶事例集	○○先生	7 月 1 日	8 月 31 日
	確立反駁時的處理方法	×× 先生	4 月 15 日	5 月 31 日
縮短修改時間 1 張 10 分▶ 1 張 5 分	製作修改意見規則	○○先生	6 月 1 日	6 月 30 日
	製作修改意見範例	△△先生	6 月 1 日	6 月 30 日

DO 每個月底記錄進行狀況

◎確實做到　○大致做到　△沒怎麼做到

進行狀況 4 月	5 月	6 月	7 月	8 月	9 月	10 月
◎	—	—	—	—	—	—
○	△	○	○	○	○	—
◎	○	—	—	—	—	—
—	—	—	◎	○	—	—
—	—	—	◎	○	—	—
○	◎	—	—	—	—	—
—	—	△	—	—	—	—

ACTION

重新評估項目	評價	變更必要性	變更內容
目的	現在內容就適合	不用	——
目標	大致適合	不用	——
活動	短時間化做得不夠	必須	重新評估修改意見範例，重複試行
其他	沒有		

CHECK

製作日	○○年 9 月 30 日

目標	達成狀況	結果、今後的課題等
目的	業務件數 18 件 ▶達成目標	
目標	簽約率 2 分之 1 ▶達成目標	
活動	修改時間 1 張 8 分 ▶未達成目標	

以前我曾被客戶說：「你還很年輕呢。」而被拒絕過。我在晚上一邊檢查日報表，一邊思考著該怎麼做才不會被說「還很年輕呢」，當初我簡單地想著「只要看起來老一點就好」，試著不刮鬍子就去跑業務，結果就是失敗。

如果是平常，只要十五分鐘就能見到客戶，但是若沒刮鬍子，就會被擋在門外好幾分鐘，因為對方只會覺得「有個奇怪的傢伙來了」。

所以，我將不刮鬍子作戰歸類為是「不好的事」，從此不再那麼做。可是，我不能就此放棄。雖然無法消除年輕，但反過來看開些，我開始思考是否能把年輕當武器，最後我終於想到的改善方案就是我在四十頁介紹的那樣——年輕和速度能勝過一切。

第3章

日報表活用法

PDCA

從案例學

從忙碌的每一天
走向每天輕鬆經營

個案研究 ❶

俗塵庵 sawamoto（咖啡廳）

來店客從高齡者變成年輕女性，營業額多了六倍

用 PDCA 日報表
這樣改變！

〔 月營收 **8** 萬日圓 〕

以高齡者為主的
普通咖啡廳。

⬇

＼ 1 年半成長 6 倍 ／

〔 月營收 **50** 萬日圓 〕

受到年輕女性喜歡的
甜點咖啡廳。

接下來我們要來看藉由活用日報表、確實執行PDCA讓營業額倍增的中小企業者實例。所有案例都是在幾個月內就有了成果，若持續一到兩年，營業額就會倍增。這是因為，藉由日報表將過去（記錄行動結果）、現在（思考改善方法）、未來（訂定計畫・預定）可視化，經營者就可以預習和複習。

營業額是否能成長，都是與經營者的商業技巧有關。若能比競爭公司稍微懂得方法，營業額就能成長。透過PDCA日報表，踏實地累積些微的差距，就會變成極大的經營優勢。

只要營業額成長了，以前只是忙碌的每一天就會完全改變，經營就會變得開心、有趣，最重要的是對自己有信心。

如何重建月營業額只有八萬日圓的咖啡廳？

首先要介紹的是位於山口縣萩市的咖啡廳俗塵庵sawamoto，店主是木原史郎先生。

俗塵庵 sawamoto 本來是高齡者很喜歡點一杯咖啡，悠哉地看報紙、打發時間的地方。這間店很有地方城市的悠閒風情，可是營收狀況實在不算好。

當時的客單價是五百八十日圓，每月營收會隨季節改變，少的時候一個月只有八萬日圓。店主木原先生以前是上班族，在東京的軟體公司工作。咖啡廳原本是祖父在經營，在祖父去世後，他選擇離開公司，回家繼承咖啡廳。店名「俗塵庵」是祖父取的，含有「想遠離俗世的人所聚集之庵」的意思，所以他承繼了這個名字。

我們是在二〇一四年相遇，是在木原先生繼承咖啡廳後半年。

想成為連結地方年輕世代的據點

我與木原先生談起了咖啡廳的未來，他想讓營收成長，卻不知道該怎麼著手。坦白說，若維持現狀，是不可能提高營業額的。我告訴他必須從根本修正經營模式，我們從基本概念與存在意義開始檢討。

木原先生感嘆著在地年輕人紛紛離開故鄉，或許是因為在萩市，沒有可供年輕人聚集的場地。我們針對這點熱切討論，漸漸地浮現出咖啡廳的存在意義。

希望能讓咖啡廳，成為讓年輕人聚會的場所，不只是在地人，更要連結各區域的人們，因此我們決定把俗塵庵 sawamoto 的基本概念定位成「串起、連結」。一開始是使用「友活」這個詞，若再延伸思考，不只人與人，也包含了人與區域、人與文化相連結的場所。

我們將這個概念作為起始點，從心開始修正經營模式。

新目標顧客是「二十到三十多歲的女性」

因為是希望提供年輕人聚會的咖啡廳，所以店主將目標顧客定位在「二十到三十多歲的女性」。

這個年齡層的女性顧客，幾乎都是結伴同行，而且除了飲料還會加點蛋糕等甜點，應該就能提高客單價。此外，若她們喜歡這間店，就會在推特或ＩＧ等社群傳播，極有可能打造吸客模式的良好循環。

木原先生與高采烈地談論著目標顧客，因為營業額本來就很低了，所以也沒什麼可失去。因此木原先生與我決定執行將目標顧客從「男性高齡者」轉變成「年輕女性」的作戰。

兩大戰略——IG效應和菜單調整

我們設想了兩個經營戰略，一是使用SNS宣傳商店資訊，二是修改與開發菜單。雖然將目標顧客群定在年輕女性，但是只在店家附近宣傳是不夠的，因為住在萩市的年輕女性不多。

萩市在關東地區就像鎌倉一樣有歷史感的街道，有很多人會從山口市等地搭車前來一日遊。咖啡廳的外觀是像倉庫一樣饒有風味的木造建築物，但沒有擺出顯眼的招牌，所以乍看之下很難看出是不是在營業。咖啡廳位在觀光名勝萩城步行約十分鐘的地方，距離菊濱海水浴場步行約一分鐘，夏天會有海水浴場的遊客，所以占地位置很好。

我們當然也很希望當地的年輕人能來店消費，但從經營層面上來看，還是需要從山口市或縣外開車來觀光的年輕女性來消費。要向這些人宣傳咖啡廳，我覺得IG最合適。

其實，木原先生也曾經在IG上發布照片。可是那些照片都是商店周遭的風景、花的照片等無關緊要的東西。但是在IG上要吸引別人的目光並轉發擴散出去，就需要衝擊性，讓人覺得「這張照片真有趣」。要如何上傳有傳染力的照片呢？其中有個訣竅，之後我會詳細介紹。

專為女性客人開發並有望提高客單價的「各色鬆餅」

即便在SNS引起話題，實際上若無法讓來店的客人覺得滿足，就不會有回頭客，好不容易招攬來的客人就白費了。所以，我們採取了修改與開發菜單的方法，希望能提高客單價。要滿足這兩點，就需要能成為招牌的甜點菜單，而不是只點一杯咖啡就結束。

店主原本只是上班族，要他做出像甜點師一樣的商品是不可能的。但是，如果只是賣去採買的蛋糕就太普通了，無法與其他店家做出區別。木原先生和我都有共識，那就是「不想打造隨處都有的咖啡廳」。

那麼，究竟要推出什麼樣的甜點呢？我們在網路和東京．福岡等地的甜點店收集情報。過程中浮現了一個想法，也許我們可以做即便是初學者也能簡單上手的鬆餅？

當時萩市內還沒有咖啡廳賣鬆餅。之後，木原先生找了幾間有推出鬆餅的

甜點店到處試吃研究。他發現鬆餅上會加鮮奶油、冰淇淋和水果等配料，可以做出好幾種變化，定價還能定在一千日圓以上，而且他還想出一個好點子，就是推出一天限定十組的原創客製鬆餅，取名為「十人十色③鬆餅」。

木原先生會從客人給人的印象、穿著、鞋子與包包或是身上穿戴的飾品等，為客人在鬆餅上擺放專屬的配料，做出全世界獨一無二的鬆餅。他會參考網路上的創意便當幫客人描繪鬆餅的樣式。

大家覺得如何呢？聽了之後，是不是很想去咖啡廳了？之後，相同的概念以夏季為主，也開始提供「十人十色刨冰」，還準備了十種在地的萩燒器皿，讓客人自行選擇。像這樣採購了各式食材、容器後，商家的準備工作都完成了。

接著我們再回到SNS的話題上。

③十人十色：代表每個人都有不同的性格、特色與喜好之意。

模仿好創意

要在ＩＧ上造成話題，必須要有衝擊性，可是要想出好點子沒那麼簡單。

那麼，該怎麼辦呢？那就是模仿，只要參考成功實例，是最省錢又省事的做法。這或許是只有中小企業才能做的，若是大公司這麼做了，影響的層面會很大。所以，當你沒有好點子時，只要模仿就好。網路上有很多資訊，所以很容易找到可以模仿的成功案例。

木原先生和我找了許多活用ＩＧ的成功經營案例，意外得知在隔壁市鎮興起了一股風潮，就是拍攝並上傳年輕女性在店門口跳躍，宛如浮在空中的瞬間照。

我們聽說這件事後，想著如果能讓來俗塵庵 sawamoto 消費的女性客人或情侶在店前牽手跳躍，或許也能表現出當初設定的咖啡廳概念「串起、連結」，所以我們就試著這麼做了。

「Sawamoto・Jump」誕生

發起上傳跳躍照片的店家是間佛具店，因為不知道能不能直接用，所以我們前去拜訪，希望對方請讓我們模仿這個創意。結果對方說：「不需要什麼許可啦，因為我們也是看到別人照片模仿的。」

於是「Sawamoto・Jump」就誕生了，我們讓來店的客人牽著手在店前跳躍，由店主木原先生拍下照片，放在咖啡廳的IG上。為了體現「串起、連結」這個概念，我們會請客人把沒有牽起來的那隻手往旁邊伸出，之所以這麼做是有意義的，因為我們的設計是要將所有照片拼起來，就像所有人手牽手一樣。

不過，客人是否願意配合我們跳躍並拍照，這關係到一切。

該如何宣傳「Sawamoto・Jump」？

最初是用口頭拜託前來消費的女性顧客，可是大家只是說：「哇～好像很有趣呢」卻沒人去做。因此，首先我們預先準備了椿腳，拜託兩位認識的女性，在店前跳躍，並將照片PO在IG上。我們把這張照片做成海報，放在店內和收銀台旁，不過客人反應很冷淡。願意嘗試的第二組客人，也是因為看了店主和認識的女性一起跳躍之後，才改變心意。

過了一個月，客人才願意主動拍跳躍照片。為了讓這個動作在客人之間發酵，我們不斷反覆嘗試，能有這樣的成果一切歸功於PDCA日報表。關於這點我們會在後半部再詳盡說明。

藉由年輕女性在IG上的影響力，「Sawamoto・Jump」發酵三到四個月後，來店的客人竟然有八到九成都是女性，光是週末的營業額就超過當初的月營收八萬日圓。

與名人聯名，活用資源

要成為年輕人交流的據點，除了IG，也需要企劃店頭活動。就算當初我們希望年輕女性多多來消費，一開始也是完全沒有頭緒，一切從零開始發想需要耗費相當的勞力與金錢。

所以，我們想出了一個主意，不如就和已經擁有許多資源的人合作，不需要全部都自己來。尤其中小企業缺乏資金與人力，所以更應該考慮和其他企業或人合作。

此時，我們注意到某位料理研究家，他的健康料理使用了許多有機蔬菜，在山口縣內廣為人知。他在各處舉辦料理活動，活動中聚集許多女性顧客，所以我們拜託他，請他幫店裡設計期間限定的健康午餐。

俗塵庵 sawamoto 以前從來沒推出過飯類料理，所以覺得很有賣點。這位料理研究家也會在自己的ＳＮＳ宣傳，所以連帶讓許多女性顧客來店裡消費。這個作戰就是利用對年輕女性有號召力、知名度的人，來提高曝光度。

每月一次與客人互動的活動

而且我們也企劃每月一次與顧客同樂的活動。每個月最後一個星期六下午四點到晚上九點，會舉辦季節性的活動。夏天就去看煙火大會、一起做刨冰、體驗做蕎麥麵，十月是萬聖節派對。當然，也能自製鬆餅。活動企劃的點子可以從網路上找，這也是模仿的一種。

我們不只在店內告知活動詳情，也拜託市內的餐飲店或飯店讓我們放置傳單，還會在當地的社區雜誌上刊登活動訊息。依不同的企劃內容，平均每個活動的參加人數是十人，當地的電視台也來採訪過。

PDCA日報表的執行細節

依據這些對策，本來是高齡者悠閒喝咖啡、月營收只有八萬日圓的咖啡廳，在導入日報表後，短短一年半，就脫胎換骨成店內年輕女性顧客高朋滿座，月營收達五十萬日圓的甜點咖啡廳。

本來的營業額愈少，愈容易在一年內提高至五倍以上。前提是，要有穩固的經營願景，除了收集資訊，還要反覆推敲計畫，並排入行程表中確實執行。最後要確實回顧結果，進行改善，像這樣的循環是不可或缺的。

接下來，讓我們以如何活用PDCA日報表的觀點再回顧一次這個案例。

經營改革的目的是「營業額倍增（提高來客數以及客單價）」。要讓營業額倍增，就必須把鎖定的消費族群從高齡者轉變成年輕女性，這就是經營願景。接下來要考慮的就是經營戰略，也就是PDCA中的P（計畫）。實際在執行時，有時候會一邊回顧目前為止所做的事（C）、思考改善方式（A），再放進計畫中，所以也經常會一起進行C與A。

以下將列舉在俗塵庵 sawamoto 中計畫過的具體對策。

（1）透過ＩＧ宣傳情報

（2）重新評估並開發新菜單

（3）與名人或公司合作

（4）企劃能與顧客同樂的活動

首先來看「（1）透過ＩＧ宣傳情報」是如何落實到ＰＤＣＡ中的。

IG的集客效應比推特跟臉書好

店主原本就有在ＩＧ跟臉書發文，所以是從Ｃ（檢核）開始，而不是Ｐ（計畫）。之前，我們曾經幫花店做經營諮詢時，也曾有在ＳＮＳ上召集女性顧客的經驗，所以知道ＩＧ的集客效應比推特、臉書更有效。

雖然也可以三種社群都用，但若只能選一種來用的話，還是ＩＧ比較好。發文的內容，如果是客人的自拍、店家外觀．入口處以及內部裝潢、商品（食物）的話，反應比較好，而非只拍店內的擺設。

若是以召集年輕女性顧客為目標，上傳年輕女性開心模樣的照片就不能少。店主之前的貼文都是店家旁的風景以及路邊小花之類的生活照，所以換成客人用餐的照片、店家外觀、入口處以及內部裝潢、商品（食物），用ＰＤＣＡ來說的話就是對應Ａ（改善）的部分。

關於Ｐ（計畫），不只要求店主每天貼文要超過一次，也要促使顧客做「Sawamoto．Jump」。

決定好要做的事，就要立刻填入表中

前面提到，因為「Sawamoto．Jump」在網路上廣為流傳，所以有更多女性顧客前來消費。當然，當初我們並沒有預期這會大受歡迎，而且一開始的時候也沒有人願意跳，即便拜託了椿腳和店主，也很難讓人留下深刻的印象。要讓顧客願意主動參與，就要訴諸視覺，讓他們實際看到照片，這點很重要。因此我們把兩位女性跳躍的照片做成海報，放在店中。

像這樣，在做新服務或新嘗試時，要具體寫出要準備什麼，並填入月計畫表中。不要只是在腦中想像，因為很快就會忘記，該做的事最後就會半途而廢。要隨身攜帶表格，立刻寫下來。只要養成習慣，接下來就開始執行ＰＤＣＡ吧。

從這個案例中要思考以下項目，並寫入月計畫表或日報表的今日預定中：

（1）從何時開始出現「Sawamoto・Jump」的叫法？

（2）要放在店內的海報文案，要花多久時間思考？

（3）海報要做幾個？什麼時候做好？誰做？要花多少錢？

這個案例是，店主木原先生和我們一起思考海報文案，而且從一開始就決定不外發製作海報，而是在百圓商店買材料自己做，而且決定在三天內完成。

不論是開發新菜單，還是與其他人的合作，都一樣要先列舉該準備的細項，由誰來做？什麼時候完成？要做什麼？這些都要排入行程表中，確實執行並檢核結果後修正。

每天確認顧客的反應，使用日報表修正做法

當初是在店內三處放置海報，顧客在結帳時，店主就用放在收銀機旁的海報直接跟顧客介紹：「我們會請顧客在店前牽手跳躍，拍下照片後上傳到ＩＧ上，您要不要試試看呢？」可是，顧客的反應很冷淡。木原先生思考著，該怎麼才能讓「Sawamoto・Jump」傳播出去呢？他在每天結束營業後，把日報表放在面前，回想顧客們的反應，這時，他發現許多事。

例如，雖然在店內放了海報，但顧客幾乎都沒注意到。有很多人都是在結帳時看到收銀機旁的海報才知道有「Sawamoto・Jump」，所以就算當下推薦他們，他們也沒做好心理準備。

因此我們在菜單上附上照片，讓大家注意到「Sawamoto・Jump」。只要在菜單上同時放上「串起、連結」的概念與「Sawamoto・Jump」的說明，在餐點

來之前，看著那些照片，就能提高顧客的嘗試意願。因為看著照片，比較容易想像自己跳躍的模樣。

除此之外，結帳時店主只要再多說一句話：「請試著跳跳看吧」，就更能提升顧客的參與意願。日報表中，記錄著每天木原先生在ＩＧ上的發文有多少按讚數。此外關於來店動機，店主可以一邊與顧客閒聊，一邊確認來店的原因是否出自ＩＧ，並寫入日報表中。

每天只要在日報表中記錄跳躍件數，很不可思議的是，就會在無意識中進入搜尋模式，思考著有沒有什麼好方法可以增加件數，會主動嘗試各種方法。我們曾經做過「只要讓我們拍跳躍的照片，就可以免費續杯飲料」，但「Sawamoto・Jump」在一個月後就有穩固的參與人數了，所以我們立刻停止免費續杯的服務。

每月一次的活動也對集客有很大的幫助。這個活動的目的不是為了營收，主要目的是希望加強與年輕人的區域交流，也就是體現「串起、連結」的精神。來參加活動的人都是對店家有正向情感的，因此和這些人說：「我們想推廣

俗塵庵 sawamoto・木原先生的日報表

2017 年 8 月 2 日　星期日　周邊行事　天氣 晴

今日主題

	今日預定	屬性・人數	顧客說了什麼？
早上	開店		①刨冰
10:00		20 多歲 2	→十人十色受歡迎 →萩燒器具受大家好評
11:00		20 多歲 3 20 多歲 2	② Jump
12:00		30 多歲 2 家庭客 2	→今天也是一個都沒有…
13:00		20 多歲 2 30 多歲 3 家庭客 3	
14:00		20 多歲 2	
15:00		20 多歲 3 家庭客 4	
16:00		30 多歲 3	
17:00	關店	30 多歲 2	
關店後			

To-Do List（今日）

- □ 準備友活
- □ 向〇〇先生下單甜點
- □ 準備 20 塊冰塊
- □
- □
- □
- □
- □

To-Do List、想法（中長期）

- □ 製作 9 月活動的海報
- □
- □

1 為增加點單商品
將菜單故事化

2 為提升來店客消費單價
雙分刨冰

3 為提升來店率
Sawamoto・Jump 常規化

4 為縮短來店間隔
每月加入一個新菜單
→沒做

5 為增加來店次數
把友活的企劃做得很吸引人

6 為增加新客戶
製作友活套票

跳躍、串起、連結

與顧客的對話	
為什麼顧客會說這種話？	雖然推薦客人參加 Sawamoto・Jump，卻沒有成功。是不清楚活動內容嗎？按讚數 0

SNS ＝企劃≠廣告	新商品名／新活動	新服務
刊登形象照	也試著推薦友活	在菜單上刊載 Sawamoto・Jump 的說明

20～30 多歲女性客人的來店資料

	來客數	客單價	回頭客	同行人數	停留時間	來店契機	規則化
低標	5	480		一人	—	多數為看了 IG	每日更新照片
目標							
現狀	15	1340		2 人組居多	60 分		

咖啡／菜單說明文

招牌（400 日圓）	濃縮（450 日圓）	戀咖啡（500 日圓）	MEMO
		受女性歡迎	把戀咖啡加上故事，很成功。其他菜單也加入故事元素會如何呢？

※ 根據實際的日報表，改寫部分內容。

Sawamoto・Jump喔」，大半數的人都願意去做。

商業午餐僅三個月就失敗了！

到目前為止，我們只介紹了成功案例，但是當然也有許多失敗的嘗試。例如鬆餅上了軌道後，我們就在午餐時段推出咖哩、抓飯和炒麵。營業時間雖然是從早上十點開始，但只有飲料與鬆餅，所以覺得順勢推出午餐也不錯，再加上三不五時有客人說「希望能提供午餐」，結果卻是大失敗。

咖啡廳是店主一個人經營，一推出午餐服務就忙不過來，導致鬆餅的品質也跟著滑落。此外，午餐的銷量、進貨與花費的勞力和成本太高，所以營收不如想像中的好。

這間店的生命線是鬆餅，而午餐時間推出的咖哩或抓飯在其他店也吃得到，所以午餐服務才三個月就失敗了。此外，營業時間也變更為從下午一點開始，因著這個改變，就確定了咖啡廳的定位。像這樣的嘗試，就要靠每天的日報表檢查、回顧，然後找出並改善問題點，若是無法改善就要放棄。

能在三個月就決定停止供應午餐，也是因為店主每天利用日報表回顧一天的行動與結果。

計畫在東京展店

透過日報表改善了俗塵庵 sawamoto 的經營模式，讓俗塵庵 sawamoto 作為鬆餅咖啡廳在萩市的知名度大為提升，也被登在觀光導覽書中。對我們來說，俗塵庵 sawamoto 能把客群從高齡者變成年輕女性這點，非常令人印象深刻。

很遺憾的，俗塵庵 sawamoto 在二〇一八年十一月底時在眾人的不捨中歇業了。原因其實是店主木原先生計畫在東京開設咖啡廳，現在正在積極籌備中。木原先生透過日報表有了成功經驗，不知道他在東京又會如何活用呢？實在很讓人期待。

個案研究 ❷

Flower-46（網路花店）

利用利基市場，成為日本銷售額最高的網路商店

用 PDCA 日報表這樣改變！

〔月營收 **96** 萬日圓〕

若不跟上這股潮流，工作就無法順利。

↓ 4年7倍

〔月營收 **674** 萬日圓〕

採取有計畫性、戰略性的行動。

Flower-46是從二〇〇三年起在樂天市場經營「hanaururu（原店名為「元氣彩園」）」的花店。以販賣吊籃花盆為主，堪稱日本銷售第一。

社長本間史朗因父親生病，選擇大學退學，進入父親經營的肥料販賣公司幫忙。老店創業於一八八〇年，主要是販賣肥料給附近的農家，但隨著農家減少，營業額也陷入低迷，就將事業重心從販賣肥料轉向為製作、販賣吊籃。

與老朋友再會

吊籃是將好幾種當令花卉混栽在花盆中，掛在牆壁或樓台欣賞，和插花不同，魅力在於能夠長時間欣賞。本間先生本來就喜歡手作，他一邊接受父親的教導，一邊學習製作技術。吊籃是將肥料放入花盆中，把花種下去，所以也和他的本業有關聯。

二〇〇三年開始，他在樂天市場的網路商店開店，販賣吊籃，初期還算順利。但是，因為當時的肥料銷售下滑得很厲害，導致經營陷入困境。我遇見本間

混栽當令花卉的吊籃花盆。

先生是在二〇一一年九月，當時他的負債高達四千萬日圓，本間先生為了還錢，精神上承受極大壓力。

其實，本間先生是我高一時的同學，不過當時我們並沒有交流。他讀了我在二〇一一年出版的書之後，就主動與我聯絡。見面後，我感覺到他因為債務的壓力與繁忙的工作，完全無法做自己想做的事。

不只是本間先生，我想應該有許多中小企業經營者，都有同樣的狀況。正因如此，就要將自己的所思所想具體化，寫入PDCA日報表中，才能發揮效果。我決定與本間先生合作，一起改善經營困境。

「預約」想做的事

本間先生從企劃、製作商品到行銷，都是一人包辦。因為負債，使得他心情沮喪，特別容易忽略行銷的重要性。因為吊籃的銷售已經八年，所以有一定的客源，所以想要擴大銷售額時，最該採取的行動是，增加回購率以及提高銷售總額和客單價。

因為是網路販賣，行銷的關鍵就是發給既有顧客的訊息。發訊息的頻率愈高，營業額也就愈高，但是當時每個月只發一次。本間先生雖然也想提高發廣告的頻率，但因為忙碌而沒做。不！是他覺得自己做不到。

時間是自己找出來的，要學會在年計畫、月計畫中，盡量預約自己的時間，做想做的事。本間先生想在每個週末發訊息，因為商品主要的銷售時間都在週末。星期三與星期四是種苗進貨的日子，推算製作時間，星期四與星期五就要完成吊籃，星期五與星期六要準備拍攝商品照與網頁的原稿，星期六晚上就要把資料上傳網路。

Flower-46 本間史朗的日報表

2014 年 9 月 30 日 星期 五

提振精神的一句話： 用工作讓許多人變幸福！

標語
提前！追趕！

今日預定		結果
7:00		
8:00		
9:00	↑ 寫入日報表 確認郵件	
10:00		
11:00	↓	
12:00	中餐	
13:00	↑ 生產新作品	
14:00	↓	
15:00	↑ 發送	
16:00	↓	
17:00	↑ 新作品的準備販售	
18:00	↓	
19:00		
20:00		
21:00		
22:00		
23:00		

To-Do List

	期限	進度	預計時間	進行時間	累計時間
製作 10~12 月預定表	10/1	40%	5	2	2
製作年間行程表	10/21	10%	5	1	1
製作訂購完成的作品	10/3	90%			
部落格．推特．FB	10 月中	0%	5	0	0
製作簡歷	10 月中	0%	5	0	0

應做事項檢查清單

□苗（蔬菜）	□推出不凋花廣告
□種子．球根	□重寫配送注意事項
□確認 FB	□放入 Photoshop
□更換不凋花商品（適用重陽節）	
□調查 FAX 的掃描方法	

本月目標與實績

	實體商店	網路銷售
今日實際銷售目標	日圓	日圓
本月實際銷售目標	日圓	日圓
今日實績	1 萬 4612 日圓	9280 日圓
到今日為止的實際銷售額	35 萬 2725 日圓	157 萬 5804 日圓

客戶名	年紀	商品名	金額（日圓）
○○○	35	珊瑚鐘（HB）	6170
○○○	?	大花三色菫&三色角菫（HB）	8613
○○○	?	西洋芹（苗）	1970
○○○	?	標本（資）	200
○○○	39	液肥 2 個（資）	2160

客戶名	年紀	商品名	金額（日圓）
○○○	44	製作 HB 模型（資）	2454

察覺．強烈的想法

- 試作了蔬菜吊籃，感覺不錯。明天設定價格。
- 試作門檻較低的簡單系吊籃（低價格）與忠實客戶用的擺設系吊籃。

反省．改善點

當務之急是詳查客戶的生活方式。客群可能與認識的高級訂製服店相同，試著去問問看。

※ 根據實際的日報表，改寫部分內容。

花卉是季節性商品，根據當月的活動，例如母親節、父親節、重陽節、聖誕節或新年等節日，暢銷商品也有所不同。

活用過去的銷售資料

銷售的基本原則就是，把與前年同一時期販賣的商品型錄拿來推銷，不過若完全一樣就不新鮮了，所以每週推出一個新作比較理想。選四個商品在網路上推銷，除了商品照片，還要寫文案及商品說明文，同時附上網頁連結。

網路銷售的強項就是，能活用前一年的銷售資料。因此，調查前年同時期的銷售數字，就可以挑選出轉化率（登入網站客戶中購買者的比率）最高的前五名商品。

轉化率高的商品是銷售主力，也就是菁英商品，因此一定要刊登在網站上，最後再度提醒顧客：「有沒有忘了買什麼？」此外，登入數雖多，但距離轉化率還差一步的商品，必需考慮個別的原因。例如，若是因為商品概念模糊，不確定是拿來送禮還是自用，所以轉化率沒有提升時，就用文案或說明文讓商品概念變清楚。

有了結果就會有自信

若是每天都很忙碌，行動就容易變得隨便。但是，若是能每天決定好當天要做什麼，白天寫下行動內容，晚上回顧，不斷重複這樣的流程，行動就會出現好的變化。

其實，最初的三個月本間先生預定是一個月內發四次廣告訊息，但是因為忙碌所以一個月發二到三次。因為他本來是一個月發一次，所以促進銷售的成果還是成長了有兩到三倍。

視季節而定，當時的銷售額為每天一到兩萬日圓，週末約是三到四萬日圓，但發出廣告訊息的當天或隔天，一天的銷售額就能達到十到二十萬日圓。因此，只要加強廣告訊息的傳送次數，銷售額就會大幅增加。

人只要看到自己的努力有結果都會很高興，也會增加自信，自然會提升幹勁。三個月後，他就如自己當初設定的目標，一個月發四次廣告訊息了。本間先生說：「因為回顧了自己過去寫的日報表，所以很清楚銷售額增加了，也注意到自己的成長。有了自信之後，我覺得只要去做就做得到。」

有時傳送廣告訊息後，銷售額就立刻增加到一天四十萬日圓。這時候，他會用自己的方式分析為什麼銷售額會這麼好，是商品很好？還是銷售文案寫得好？這樣的自我分析很重要，將好事規則化，就能隨時拿出來應用。

作業效率化就能騰出時間

本間先生一個人負責商品企劃、生產到行銷，所以銷售額提高了，花在生產商品的時間就增加，就變得更忙了。他雖請了幫忙生產的打工人員，但若是還要增加發送廣告訊息的次數，就只會增加本間先生的負擔。

因此我們決定將占據最多時間的吊籃生產作業效率化，賺取更多的時間。

首先要思考，製作一個混栽的盆栽，需要哪些步驟，並分成三部分。（1）製作土壤（混合）肥料與土壤、（2）把土放入盆栽中、（3）將植物種在盆栽中。把步驟具體化後，就會發現（1）跟（2）不一定要本間先生自己做，只要請家人或打工人員幫忙，他就有多出來的時間了。此外，生產吊籃時使用的作業台也統一成最容易作業的高度，作業時使用的小鏟子、剪刀等工具和花盆與土壤的配置也放在容易拿取的地方。

每月營收到三百萬日圓左右時，平均要生產四百二十個吊籃，一年就要生產五千個。所以，若是每個產品的作業時間能縮短一分鐘，每個月就能多出四百二十分鐘（相當於七小時），每年就能多出八十四小時。這樣的效率化，對縮短打工者的時間上也很有幫助。

更新銷售網頁

因為增加了廣告訊息的傳送次數，每月營收從一百萬日圓增加到三百萬日圓，而且透過了計畫性的行動和回顧，以及作業流程的效率化，漸漸地減少了時間的浪費。

接下來要進行的是，更新網路商店的商品銷售頁面。這在之前，本間先生都是自己設計網頁，但這次我們委託了設計師設計商標以及網頁整體的基本架構。成本花費約一百萬日圓，但專業的工作品質果然不一樣。

而且本間先生自己也修正了刊載在商品銷售頁面上的商品說明文以及文案。當時，網路商店的商品數有兩百二十款，無法一口氣更新。因此我們決定，先從點選數較多的前五名商品開始修正。

提升回購率對策，在紙箱上印商標

其他還有更新運送吊籃用的紙箱。有許多大型網路商店或企業，會在紙箱上加上企業名或品牌名的商標，但是中小企業，大多無法做到這麼周全。此外，我們設計在紙箱內部刻出穩固花盆的缺口，缺口也可以做成商店的商標，用來加深顧客印象。

而且還可以將配合季節或活動的各種商品宣傳單一起捆包。雖然有很多人認為，這種宣傳單「反正都會丟掉，放進去也沒用」，但這樣的想法是錯的。消費者在打開紙箱的瞬間，正是促購的好機會。或許也有人會因為一同打包的宣傳單資訊和購買商品完全無關而感到不快，但還是有消費者很仰賴這類的宣傳單。

而且，消費者的網路評價非常重要。第一次購買的顧客大多會參考其他消費者的評論多寡以及留言，所以為了增加評論數，我們也會贈送吊籃用肥料給寫網路評價的消費者。

宣傳廣告製作法

和商品一同打包的傳單也刻意寫成一目瞭然的內容，好懂又有促購效果的廣告文案有六大重點。雖然都是基本概念，但沒有確實做到的中小企業卻很多。

以宣傳重陽節禮品的吊籃為例，主文案可以寫「獻給找尋特別的重陽節禮物的您」（**「給誰」**），接著貼出想販賣的商品照片，在下方告知顧客已「累計販售○○個！」（**「想告訴顧客什麼」**）是人氣商品，寫出「現在立刻預約」（**「希望顧客採取什麼行動」**），附上網址與電話號碼。

廣告宣傳的六個重點

1 目標（誰）
2 訊息（想傳達什麼）
3 行動（希望顧客採取什麼行動）
4 介紹購買者迴響
5 告訴顧客他們不知道的事
6 提出個人或商家的堅持

而且只要加上**（4）介紹購買者迴響**、**（5）告訴顧客他們所不知道的事**（例如保養吊籃的方法等）、**（6）提出個人或商家的堅持**（講述經營者的商業理念），就會變成更有宣傳力的廣告。

因過勞而搞壞身體住院

其他還有使用日報表進行的各種經營策略調整，二〇一五年終於迎來首次月營收超過六百萬日圓（同年四月，達到每月營收六百七十四萬日圓）的好成績。

前面提過，本間先生試著將作業效率化，再加上家人與打工人員的幫忙，節省了不少作業時間。但是隨著生意愈來愈好，本間先生假日也要上班，睡眠的時間也減少了，最後因為過勞而搞壞了身體，住院一星期。還好在住院期間發生了一些好事，本間先生原本就想要聘雇正式員工，就趁著住院期間雇用了兩個人。

不論是發送廣告訊息、更新網頁還是聘雇新人，都是必須做卻被延遲的工作，自從活用了ＰＤＣＡ日報表後，都做到了。許多忙碌的中小企業經營者，都被現實生活追著跑而忘了執行想做的目標，但是只要達到其中兩成，營收就會明顯地提高。

四百萬日圓負債也解決了！

第一次和本間先生相遇時，他身上有四百萬日圓的負債。債權方是當地的銀行與信用金庫，而且本間先生還以自己以及家人名義的信用卡貸款，借來的錢也投入了公司的資金周轉。因此，時常有催債電話打來騷擾，讓他無法專心工作。

最後，他在二〇一六年清算公司，建立了一個新品牌——Flower-46，新公司也是從事吊籃事業。成立新公司後，舊公司的債款就消失了。不過在此之前的五年，他每天都被還錢的壓力壓得喘不過氣。因此，我們建議本間先生製作每月核算表，統整出現在公司有多少現金？債權方是誰？有多少負債？還錢方案是什麼？等等。

有負債的人容易變得消極、煩躁，透過動手做吊籃的作業能夠忘記這些煩惱，但是要動腦想促銷方案時，會突然在腦中冒出欠債的不安，變得無法專心。因此，我建議本間先生：「請每月只空出四天來周轉資金，每天兩小時。一個月不要花超過八小時在思考資金周轉的事。」

社長要一人包辦許多工作時，時間的分配很重要。本間先生的工作大致可分成生產、包裝和促銷三種，平均花費的時間比例約是八．五比一比〇．五。要提高銷售額，促銷的時間就不可少，所以我建議他，花在生產、包裝和促銷三者上的時間是七比一比二。若能活用PDCA日報表，就能簡單合計花在三項作業上的具體時間，就能察覺「這週花在促銷上的時間偏少」。

之後，本間先生將每天早上十點到十二點命名為「創作時間」，每天兩小時思考促銷計畫等要動腦的工作。本間先生曾說：「開始寫日報表之前，我每天都被資金周轉追著跑，對未來沒有希望也沒有夢想，每天只是不斷嘆氣。可是現在，全家人的表情都變開朗了。」

目標數值的達成度漸漸變正確

本間先生針對日報表的好處，說了這些話：「我是在開始的一年後才發現，回顧前年的日報表時，我知道自己在去年的同個月分、同一天做了這件事。也就是說，這個月自己該如何行動，去年的自己就已經先規劃好了。因為是經營，所以有順利的事，當然也有不順利的事，對於不順利的事，就必須查證，然後採取必要措施。只要改善那些不順利的事，成功機率就會不斷上升。」

使用日報表，每天重複ＰＤＣＡ，就能預測出銷售額。本間先生說：「經營戰略的準確度變得非常高，做好很多事前準備，銷售額就能呈現爆發性的成長，每天都能過得輕鬆又有效率。」

「開始寫日報表後最大的變化是，打擊率提高了。以前很容易被情緒所左右，不會去反省結果，也不懂看數字，沒日沒夜地工作。用日報表管理『該做的事』，記錄工作內容與情緒，之後就很少會發生相同的失敗，還能持續有業績。」

留意身邊的小細節，就有可能成為熱賣商品

二〇一七年七月，本間先生開始販售「浮游花」（Herbarium），成了大賣商品。「浮游花」是在透明的玻璃瓶中放入永生花（除去鮮花水分，使之吸入保存液）與油而完成。在hanauruṛu開賣之前只有業界的人才知道，之後才頻繁出現在電視以及雜誌上，因而形成一大風潮，銷售後一年半內，累計銷售量就超過了一萬三千個。價格從一個三千日圓起跳，光是浮游花的銷售量，總計達到約四千萬日圓。

每年的母親節，因為送花的需求大增，所以銷售額都會提升，但二〇一八年的營收卻是最多的一千五百七十四萬日圓（過去最高營收為六百七十四萬日圓），就是因為「浮游花效果」。

二〇一七年春天，本間先生在臉書上得知販賣鮮花的友人開設了製作浮游花的教室，那是他第一次聽到「浮游花」，本間先生就把這個寫進日報表裡。他說他在臉書上看到其他人也有在介紹，所以很有興趣。

在油中放入永生花做成的熱賣商品浮游花。

在自己熟知的領域中，從不同資訊源聽到同樣的新名詞時，就有可能是流行的徵兆，浮游花就是如此。此外本間先生還說：「這個商品非常可愛，給人心動的感覺，所以想試著販賣。」像這樣寫下自己在意的新名詞，當反覆聽到時，就有可能造成流行的風潮喔。

創下最高年營業額紀錄

還有人申請 hanaururu 的商品做為「故鄉稅」的回禮品。「臉書上有銷售柑橘的店家貼文說：『因為故鄉稅的關係最近很忙碌。』過一陣子，鮮花店的人也貼文說：

『混栽體驗課程成了故鄉稅的回禮。』因此我立刻想到，自己的商品應該也能成為回禮。」

本間先生向山口市提出了申請，竟然就登錄成功了。一個月就有三十筆訂單，其中也有人購買了十七萬三千日圓價值的商品（吊籃從半年到一年內定期會送出六次）。

本間先生說：「藉由將『故鄉稅』寫入日報表的 To-Do List 中，就會每天看到。本來懶得動，就算想到了點子，很多時候都是放著不動，但因為有了日報表，即便要花些時間，也能讓我付諸行動。」

故鄉稅的策略也很有效，二〇一八年十二月的月營收為五百一十三萬日圓，更新了過去的紀錄，年營收高達七千兩百八十一萬日圓，也是過去最高。

個案研究 ❸

Queen's Curry（餐廳）

每月開發「驚人新咖哩」，成為在地名店！

用 PDCA 日報表
這樣改變！

〔月營收 **59** 萬日圓〕

雖然有粉絲，卻是半年來店一次。
只靠單品銷售有極限。

↓ 2年4倍

〔月營收 **254** 萬日圓〕

靠新菜單與廣告提高
來店率。

餐廳 With Weed（Queen's Curry 的前身）以販售咖哩為主，經營者有元玲子小姐是自二〇一五年一月開始寫日報表。開業至今已經過了六年，四年前店址搬遷到山口市的小郡交流道附近。

店內的招牌是燉煮兩天的牛筋湯，以及加入自家特製辣醬的牛筋咖哩（六百日圓）。店內有八成的消費都會點牛筋咖哩，一天的平均來客數約三十二人，客單價七百五十日圓。每月工作二十五天，月營業額約六十萬日圓。

最初看到這間店的狀況時，我覺得要提高營收怕是不容易。因為地理位置不佳，附近雖有車流量大的主幹道，但店家位在從主幹道往巷內走約三分鐘的地方，所以從主幹道上根本看不見店家。此外店家周圍只有稀稀落落的民宅，完全看不到能聚集人潮的設施，簡單來說就是很難被人發現的一間店。

吸客的關鍵是一千人追蹤的臉書

要吸引顧客光臨位置不佳的店家，不花點錢做廣告宣傳是不可能的。然而，當時就算想要打廣告也沒錢，在什麼資源都沒有的情況下，唯一的方法就是有元小姐發給老顧客看的臉書，大約有一千名追蹤者。

在地經營的小型咖哩店，很少有店家有一千名的追蹤者，真的很厲害！有元小姐非常爽朗，和誰都能很快打成一片，因為對摩托車有興趣以及進口雜貨的關係，認識很多朋友。所以想要不花錢打廣告，活用這些既有的人脈是最簡單的，效果也很好。

所以我們決定使用臉書等ＳＮＳ，一週至少發一次訊息。第四章也會提到，業務以及促購的訣竅，比起開拓新客戶，更要讓原有的顧客動起來，要把用戶變成粉絲。因為開拓新客戶，既要花錢成功率又低，很沒有效益。與此相比，若是提高臉書上既有顧客的來店率，既不用花錢，也更有效。

要把每週發一次訊息的行動變成習慣，就需要ＰＤＣＡ日報表了。來店人數最多的是在週末，所以有元小姐決定，每星期五先發第一次訊息，週末結束後的星期一再發布一次，總計發布兩次訊息，她將這項決定寫入了月計畫表中。

每月開發一種「驚奇新菜單」

這間店的老顧客有很多是半年來一次，感覺就像是對店主有元小姐盡人情一樣。若是希望顧客每個月都來，如果只靠招牌的牛筋咖哩很難。不論店主有元小姐和老顧客間的關係有多好，若菜單上沒什麼變化或選擇就會覺得膩。

因此我和有元小姐討論，每月要開發一種具強烈衝擊性的新咖哩。店面位置不佳的商家要靠SNS來宣傳，還需要新菜色咖哩，外觀也要有衝擊性，要讓人驚呼「沒看過這種的！」、「居然可以做到這種程度！」然後主動在SNS上幫忙宣傳。

而且每月的新菜單，就會變成期間限定的菜色。這是在商品大賣時，向大家宣傳「應大家期望才推出的人氣咖哩菜色」的作戰。大多數的人會覺得「不趁現在就吃不到了」，來店的頻率就會從半年一次變成每個月都想來。

目標是讓大家記得「好像有間很特別的咖哩店」。心理學上用「虛榮效應」（Snob Effect）來稱呼期間限定或數量限定的商品，進而勾起消費者的購買意

With Weed 有元玲子的日報表

2015 年 2 月 7 日 星期 六

夢想、希望、想要的東西
新錢包♡ 店裡的桌椅

	今日預定	結果
7:00		
8:00		
9:00		
10:00		中午前
11:00	開店	特別閒
12:00		
13:00		
14:00		
15:00		
16:00	將酪梨咖哩	
17:00	加入菜單中	有顧客點單
18:00		
19:00	預約 3 人（21：45 前）	
20:00	預約 2 人（21：30 前）	
21:00	關店	
22:00		
23:00		

今天要做的事

- ☐製作海報
- ☐將新菜色放入菜單
- ☐訂雞蛋
- ☐匯款
- ☐
- ☐
- ☐

新菜單點子

鐵板燒咖哩

客層		年輕人	中年	老年
白天	男	人	人	人
	女	人	人	人
晚上	男	人	人	人
	女	人	人	人

目標管理

項目	目標	實績	累計
本日營業額	30000 日圓	31570 日圓	日圓
營業額（中餐）	14000 日圓	12530 日圓	日圓
營業額（夜）	16000 人	19040 人	人
來客數（中餐）	17 人	12 人	人
來客數（夜）	16 分	18 分	分
外帶數	10	8	
消費單價（白天）	820 日圓	1044 日圓	日圓
消費單價（夜）	1000 日圓	1057 日圓	日圓

順利的事 ➡	規則化	今天的發現
外帶的人很多。	感謝老顧客外帶！ 下次要做些活動才行。	・或許傳單種類多點比較好 ・思考會想和咖啡一起點的甜點新菜單 ・製作「順手就點了」的菜單

不順利的事 ➡	改善方案	今後想做的事
與其他店家相比，晚上客人的單價消費較低而且待的時間較長。	推薦客人點甜點。 也製作海報。	・更新網頁 ・更新菜單

※ 根據實際的日報表，改寫部分內容。

願，這個手法在市場上很常使用。在臉書上每週發一次訊息，開發每月更換的新菜單，這兩者是為提高銷售額的基本戰略。

半年內提高了來客數、客單價，每月營收變兩倍

當初的目的是，每月推出有趣的菜色，增加老顧客的來店次數。開始實施後，果然有了效果，老顧客的來店時間縮短了，從半年來一次或一年來一次變成兩個月來一次，或是每月都來。

雖然沒有增加新顧客，但是因為老顧客的來店率縮短了，一天平均來客數從三十二人增加到了五十八人。寫日報表之前，每月營收為五十九萬日圓，投入新菜色後的半年，每月營收就達到一百二十萬日圓。

客單價從七百五十日圓提高到九百日圓，主要原因就是因為每月的新菜單，是設定在九百到一千兩百日圓的稍高價格。因為如果設定在六百日圓上下，就一點都不特別，想用「雖然價錢稍高一些，但是口味很特別，請嚐嚐看吧」的感覺

讓顧客掏錢。重要的不是價格，而是賦予特殊的附加價值。

以下是曾經推出過的新菜單。

- **狂熱蘭姆酒咖哩　九百八十日圓**
- **The HOTATE（起司扇貝咖哩）　一千一百五十日圓**
- **Giga 大蒜咖哩（放有一顆烤過的大顆大蒜）　一千五百二十三日圓**
- **千層咖哩（用熟透的番茄夾照燒雞肉）　一千三百五十日圓**
- **連骨頭都能吃的長毛象咖哩（牛肉包牛蒡）　一千一百八十八日圓**
- **一磅牛排咖哩　三千九百八十日圓**

一磅牛排咖哩是在咖哩上放上一磅（約四百五十克）的牛排，是肉食者非常愛的一道餐點，要價近四千日圓。稍微高價的每月限定菜單，占所有點單中的二至三成（十到二十道），因此客單價自然就提高了。順帶一提，現在的客單價都固定超過一千日圓。

靠著獨特又嶄新的每月限定菜單，成功提高來店率。

我們成功給顧客一種印象，讓人想吃衝擊性咖哩時，就去那間店吧！

用日報表想出新菜單

開發新菜單時，當然也活用了PDCA日報表。具衝擊性的菜色，不是那麼容易想到的，首先最重要的是要想出很多點子。因此要在每天的日報表中，設置一欄為「新菜單的點子」，一天寫下一個點子。若每月想三十個點子，應該會有一兩個具衝擊性的點子，這也是透過日報表養成的習慣。

中小企業的經營者大多都是少人數的經營模式，所以每天都很忙，所以若是想在月初時推出新菜單，至少要在前一個月的二十號左右決定菜色，花三到四天試作，準備食材。這些步驟和流程就需要全部事先寫進日報表中，先預留自己的時間，然後回顧進行的內容，每天反省，這樣才能順利地進行下去。

日報表中還要精準掌握數字，具體來說就是午餐與晚餐的營業額、來客數、客單價和外帶數等等。此外，也可以寫入「想告訴工作人員的事」、「應該要教的事」這是為了提高員工的工作意識。

加強廣告宣傳

大部分的客人都是從山口市來的，因為菜色很有趣，漸漸地在SNS有了知名度。從周邊的萩市與周南市也有顧客前來，具有衝擊性的菜色外觀，從遠地來的客人變多了。

用對了方法，月營收翻倍後，資金上就稍微有些餘裕了。因此我們在山口市內的免費社區情報誌上推出小廣告（兩公分×五公分）。廣告的標題為「〇月限定咖哩」並附上照片，告知新菜單。每次的費用是一萬五千日圓，但能有效吸引沒有利用臉書的顧客。

提升餐廳格調

此時，還發生了意想不到的事。對客人來說，以前這間店就是間家常的「牛筋咖哩店」，現在則變成「做有趣事情的店」。猶豫該吃什麼時，就去有趣的店家吧；若要去一般餐廳，不如去稍微遠一點的那家店吧，大家都有了這樣的認知。也就是說，「做有趣事情的店」這樣的品牌印象是成功的，這對穩定客源是非常有幫助的。

換句話說，就是提升餐廳的格調。不是一般的餐廳，而是別具巧思的特別店家，地位與一般的咖哩店不同。開店滿一年時，月營收就成長了三倍，達到了一百八十萬日圓。

之後還登上了日本航空的機內雜誌以及當地的電視節目，With Weed 成了小巷名店和隱藏美食。到這裡為止都是大成功，但是好事多磨，往往在最順利的時候，前方就出現陷阱了。

展店時卻遇上倒店危機

攬客和提高營收都進行得很順利，於是有元小姐決定在二〇一七年四月開第二間店，店名就叫「Queen's Curry」。

因為第一間店的地點不好，所以第二間店就開在近山口市中心的維新公園，該地點的交通量大，而且就在馬路旁。第一間店只有二十席，第二間店就有超過三十五席的超大容量，地點也很好，所以她希望兩間店合起來的月營收能達到四百萬日圓左右。

然而，第二間店開始沒多久，就暴露了準備上的不足。因為完全沒有培育能負責營運的工作人員，店內的動線和運作十分混亂，最後只好有元小姐自己接管兩間店鋪。一間店就夠辛苦了，若工作量增到兩倍，身心都沒有了餘裕。

每月一次的新菜單開發雖然還能勉強持續下去，但是第二間店鋪開幕後，她就沒有再繼續寫日報表了。我們每天都會檢查有元小姐的日報表，所以建議她：「就算很忙，最好還是要寫日報表喔。」但我們也知道，她因為新店面所以非常忙碌，所以決定暫時觀察一陣子。

結果，展店正式宣告失敗了。第二間店的空間比較大，地點也很好，但營收卻不如預期，就連第一間店的營收也下降了，顧客負評也增加了。第二間店開幕時，有元小姐希望光是Queen's Curry的月營收就能達到三百萬日圓，實際上兩間店加起來不過才三百三十萬日圓，只是徒增忙碌而已。

因為兩間店的營業額都慢慢地減少，所以我們向有元小姐建議：「這樣下來恐怕兩家店會一起倒閉」，希望她留下新店Queen's Curry，放棄第一間店。就在她開了第二間店後的一年，決定收了第一間店。

重啟日報表，營運再次步上正軌

因為收了一間店，再加上有元小姐恢復了寫日報表的習慣，所以營運再次步上正軌。結果Queen's Curry的營收，相較於前年同月，有了十%以上的成長。最近的月營收（二〇一八年十二月）為兩百五十四萬日圓；臉書的廣告文也從每週一次，增加到每週二到三次。能做到這點也是因為利用了日報表預留了自己的時間，才能夠事先行動。

中小企業在廣告宣傳上要更加積極才行，我們經常會聽到有經營者說沒有發文的素材，但是好不容易開發了新菜單，大部分人卻不知道，豈不是白費了。

從生活中找出發文素材

我們經常對經營者說，希望你們能學習電影的宣傳模式。製作電影，要投入大筆資金，不希望在上映時出現失敗，所以會從各種角度切入，徹底宣傳。大致的流程如同第一百四十二頁的圖示。

若把這樣的模式，直接用在新菜單的宣傳廣告上，一週能發兩三篇，開賣前可以發類似這樣的文字：「想要用龍蝦做咖哩，大家覺得怎麼樣呢？」就可以用像是「我從顧客○○先生那裡獲得了這樣的靈感」，同時開發新菜單。

新菜色會在當月的一號開始提供，就可以在前一週先預告「下個月的咖哩是這個！」到了開賣當天就再次傳送「今天開始推出新菜單的○○咖哩喔」，一星期內告訴大家「新菜單大受好評！」然後拜託客人寫感想。

然後在中旬的時候稍微鼓吹一下：「超受歡迎！絕讚開賣中！」大致用這樣的流程和模式不斷摸索接下來的新菜單還能發哪些訊息。到了月底再發出號召：「僅剩○天，還沒有吃過的人請務必一嚐！」將集客效應最大化。

餐廳外觀也做了改變，雖然沒辦法表現出大型連鎖店的品味感，卻有小店的特殊性。我們掛上了二公尺×二公尺的防水縴織壁毯（經費約一萬五千日圓）、二十根旗幟和美式風格的招牌等，一點一滴升級外觀。

電影宣傳流程

製作動機（構思）

▼

故事、思想

▼

角色發布

▼

拍攝順利

▼

終於公開

▼

今天開始公開

▼

託觀眾的福，盛讚公開中

▼

觀眾的感想

▼

這週末結束！
還沒看的人請抓緊機會

▼

從下週起開始〇〇

不寫日報表後為什麼銷售額就降低了？

有元小姐開了第二間店後，因為忙碌就沒寫日報表了，導致發展順利的第一間店面也業績下滑。原因在於，因為沒有日報表幫忙規劃並安排行程表，導致進度有所延誤。若不用日報表決定行動，任何決定都會變得目光短淺，無法提出有效對策，行動品質也會降低，尤其是促銷方法會變少。

她再度開始寫日報表後，就能提出更好的銷售方案，或是做出品質更好的文宣品，像是「要每天發文，最好事先想一下內容比較有效率」，或是「把店交給員工一小時，自己找個地方寫行銷文案」，才讓業績又提升了。

未來還會遇到各種各樣的課題。例如與大型的咖哩連鎖店相比，晚上的顧客比較少，所以想更增加來客量，尤其是家庭客。此外，第二間店也要教育新員工以及製作員工手冊。

最近有計畫要多聘雇一名正式員工，也考慮以一名員工搭配幾名打工的人一起經營。最重要的眼前目標是，首先將Queen's Curry的銷售額提高到月營收接近三百萬日圓，然後精確打造能讓有元小姐安心經營管理的機制，並挑戰第二間店、第三間店。

個案研究 ❹

律師法人牛見綜合法律事務所（律師事務所）

以「進攻態勢」成功開拓客源

用 PDCA 日報表
這樣改變！

月營收 **35** 萬日圓

獨立創業的極限。

⬇ 3年30倍

月營收 **1042** 萬日圓

轉守為攻，
提升客戶數。

我是在二〇一三年五月和律師牛見和博先生見面，正好是牛見先生在山口市開設律師事務所的第二個月。開業前，他是在大阪市內的法律事務所工作，服務對象以大企業為主，負責各種企業法務案件。他在三十歲生日那年跟我聊到國外留學的話題，他正在考慮要直接去留學呢？還是回到故鄉開業，幾經煩惱後，他選擇回到故鄉。

他想成為律師的目標原因就是，想讓周圍的人獲得幸福。牛見先生說：「在大型事務所工作時是站在最前線，所以很有趣。因為是大企業，所以是為了好幾萬人在工作，可惜的是無法直接見到面。既然這樣，我還是決定在故鄉和客戶面對面的工作。」

曾經有一整天電話都沒響過

獨立創業，最一開始要面對的是獨立作業。從開業前要取得中小企業診斷士資格、製作網頁，即便完成上述事項，卻完全沒有客戶委託。律師這個職業要有委託才有收入，要是一直這樣下去是沒有成長的。

牛見先生在兄長的建議下，讀了我寫的書，他直接打電話聯絡我：「我希望能和您見面聊聊。」於是我前去事務所拜訪他，我強烈感受到牛見先生的熱情。「我希望能幫助不懂法律的人，帶給他們幸福，因此我想降低律師對一般人的門檻。」他如此熱烈的陳述令我非常印象深刻。

先獲得法人客戶以安定經營

牛見先生的課題很明確，再加上他有熱情還有理想，接著就是把這股熱情轉換成能量招攬客戶。牛見先生的專業都是企業法務，接下來則打算為地方居民工作，但是之前累積的企業法務實績以及技巧是很吸引人的。

以律師事務所的經營來說，若是能和企業法人簽約，就能有穩定的收入。此外，付款期限也是短期的一到二個月。相對來說，個人委託的客戶的吸引力在於有較多潛在的諮詢件數，可是付款期限就會拉長到半年至一年，有些案例甚至會花到三年。也就是說，很多時候是判決結果出來後才進行付款，從投入勞力到獲得營收很花時間。

所以要先確保律師事務所的營運正常，首先要取得法人契約，穩固基盤，同時再增加個人諮詢的服務。只是坐在辦公室製作網頁是無法開拓新客戶的，必須主動且頻繁地去有潛在顧客存在的地方露臉，創造機會或連結。

商工會、中小企業家協會、倫理法人會和青年會議所等地方，調查一下就會發現，有許多外部人員也能參加的開放式聚會，要盡可能去那裡宣傳。

在牛見先生的日報表中，記錄著在聚會上碰到的人的名字、印象以及感想等，接著以這個為基礎，創造與認識的經營者取得聯絡、面談的機會。為了我方能提出建議，告訴他們能給他們什麼法律的支援，傾聽經營者的心聲、詢問他們的煩惱。

為了察覺需求而做的檢核清單

為了能夠順利商談，我們製作了有關公司簡介等資料。與一般的服務相比，律師諮詢都會給人高價的感覺，擔心不知道要花多少錢。因此要製作一張價目表，明確讓對方知道服務的內容與收費。

從一年十萬日圓最便宜的方案到月額三萬日圓、五萬日圓、十萬日圓（其中還追加了月額二十萬日圓的方案）的都有。隨著費用的高低，處理業務的時間也會拉長。而且為了準備好面談，和尋找有哪些企業有法律問題，還製作了更具體的內容表，例如企業容易碰上的法律問題檢核清單。平常就會和律師來往的經營者很少，很少人知道會遇到何種法律問題。

企業會遇到的問題堆積如山，例如很多案例都沒有正式簽約，只有口頭約定或是合約內容不完整、沒有明確的就業規則與社內規定等等。為了讓經營者主動認知到這些問題，就要事先製作法律問題檢核單，以這個表單為基礎進行商談。

牛見先生每週一到兩次參加某些經營者的聚會，而且會去訪問在聚會認識的

明確標示價位，消除客戶的不安

顧問服務【價目表】
ADVISORY SERVICES

USHIMI LAW OFFICE

方案（費用） 服務	月額制 輕量價 3 萬日圓 + 消費稅	基本價 5 萬日圓 + 消費稅	標準價 10 萬日圓 + 消費稅	高級價 20 萬日圓 + 消費稅
年間業務時間 （包含下述的應對）	一年 18 小時 （每月約 1.5 小時）	一年 36 小時 （每月約 3 小時）	一年 72 小時 （每月約 6 小時）	一年 144 小時 （每月約 12 小時）
優先應對	✔	✔	✔	✔
諮商 （電話、信件、面談等）	✔	✔	✔	✔
訪問公司	✔	✔	✔	✔
週六．晚間緊急諮商	✔	✔	✔	✔
檢查合約書． 社內規定等	✔	✔	✔	✔
製作簡單文件	✔	✔	✔	✔
製作定型化契約	✔	✔	✔	✔
介紹其他專家	✔	✔	✔	✔
提供法律修正資訊等	✔	✔	✔	✔
高級職員．工作人員 個人諮商	✔	✔	✔	✔
個別案件的律師 費用折扣	10%	15%	20%	25%

※ 此為現在的價目表

經營者，每天最少一人、最多五人。這樣的業務活動有了成果，企業客戶數確實增加了。

牛見先生在日報表中寫下當日的反省處，例如「要改善說話內容」、「應該要事先調查好〇〇的事」等，並活用在之後的商談中。像這樣親自跑業務的律師非常稀奇，但是也正因為這樣才能減少競爭對手、提高業績。

看似失敗的活動，其實是大成功

除了開拓法人客戶，也要開拓個人客戶。招攬客戶的關鍵是免費法律諮詢、辦活動以及在地方報紙上登廣告。免費的法律諮詢會在網頁上打出「初次諮詢免費」吸引大家注意，並在各地舉辦免費的法律諮詢會。山口縣內有些地方沒有律師，所以牛見先生也曾去那裡舉辦諮詢會。

二〇一四年二月五日，由牛見先生舉辦的「守護自己與家人的B型肝炎情報講座（免費入場）」成了開拓個人客戶的一大轉機。團體預防接種與B型肝炎病毒感染間被認定有因果關係的人，依病情區分，國家會支付給付金。不過為了拿到給付金，必須向國家提出訴訟，請求國家賠償，並與國家間取得和解。講座的目的就是希望讓當地居民廣泛理解這則資訊。

牛見先生租借了能容納八百人的會議室，獲得當地超市的贊助，請來山口大學醫院熟悉肝炎的醫師，在公共設施以及醫院中張貼海報，超市也讓他在傳單上刊載講座訊息，當天連NHK等媒體也來採訪。

然而正式開始時，參加者只有八十人不到。因為會場能容納八百人，所以就活動來說算是失敗了。但是，NHK在新聞中提出了B型肝炎的問題，牛見先生也有露臉，所以做了非常大的宣傳。

我也知道牛見先生企劃了B型肝炎的活動，但沒想到他會去租借如此大的場地。雖然參加者很少，所幸有電視台的人來採訪，可以說牛見先生的大膽企劃帶來了好運。

隔月，牛見先生經手的B型肝炎訴訟在山口縣內初次獲得和解，幾乎所有報紙都來訪問他並大肆報導，NHK還製作了特集在電視上播放。因為這兩件事，牛見先生的知名度大增。此外，當地報紙上也定期且持續地打廣告，宣傳溢付金返還的請求與B型肝炎相關事項，所以諮詢件數出現正成長。

第一年的詢諮詢件數是兩百件，二〇一四年為三百六十件，二〇一五年為八百六十件，現在則是約一年一千四百件。此外，營業額在二〇一六年十一月達到月營收一千零四十二萬日圓。二〇一三年六月開始寫日報表時的月營收只有三十五萬日圓，現在足足增加了三十倍。

將 To-Do List 寫在日報表上並檢核

牛見先生的經營中最具特徵的就是自己主動去找客戶和案件，他也致力於交通事故的諮詢上，甚至還是山口縣柔道整復師協會的顧問，所以整骨院會介紹他因為交通事故而有法律糾紛的患者。

前面已經介紹過，牛見先生為了開拓法人客戶，會頻繁在潛在顧客的經營者聚會上露臉，積極地接近對方，這樣的業務力很重要。

現在的牛見綜合法律事務所，總共有五名律師，在山口縣內算是第五大。他們廣泛應對各種案件，從離婚、交通事故、遺產繼承、債權回收、不動產糾紛到刑事案件，不僅限於溢付金與B型肝炎，各律師都發揮所長。針對各式法律問題，製作專用網頁，使諮詢變得更容易，這也是他們事務所的一大特徵。

二〇一八年的營業額高達一億兩千萬日圓，是初始年度（一千兩百六十五萬日圓）的十倍。牛見先生針對日報表的效用他是這麼說的，「在日報表中，除了寫下所思所想，而且因為每個欄位都要填寫，所以會逼自己主動思考，思考後列點，最後再做檢核。只要一一達成，就很有成就感。」

最後要來介紹一下牛見先生在初期寫的日報表，以月分區分為「公司全體」「組織．人事」「跑業務」「業務整體」「總務．會計」的形式，再做成To-Do List，分類成「空檔任務」「耗時任務」「本月想做的事」，當成檢核清單貼在每天的日報表上。

如同一百五十四頁一樣，將日報表的右上部分再細分，從每個細項中做核對，也能有一番樂趣。

局部放大

空檔任務	檢核	耗時任務	期限
選出客戶候補		計畫表	7月
列表潛在顧客		Q & A 集	7月
給潛在顧客的信		顧客的心聲	7月
四處拜訪		到簽約前的流程	7月
商工會・會議所		各種廣告道具	7月
地方自治體		○○社進修	8月下旬
金融機關		商工會進修	9月中旬
主要企業		各種手冊	年內
準備交流會		**本月想做的事**	
更新部落格		增加客戶	
修正編目		增加 B 型肝炎訴訟	
改定網頁		增加債務整理・交通事故・企業法務	
修訂臉書		準備山陽小野田市諮商會	
講座概要		準備網路・交流會	
通訊簡報		12 點就寢・6 點起床	
今日的法人目標		**本月的法人目標**	
詢問目標	件	詢問目標	15 件
詢問數	件	到今天為止的詢問數	3 件
諮詢目標	件	諮詢目標	12 件
諮詢數	件	到今天為止的諮詢數	3 件
接受委託目標	件	接受委託目標	10 件
受委託數	件	到今天為止的受委託數	1 件
本月目標營業額	200 日圓	到今天為止的營業額	日圓
今日的個人目標		**本月的個人目標**	
詢問目標	件	詢問目標	30 件
詢問數	件	到今天為止的詢問數	15 件
諮詢目標	件	諮詢目標	15 件
諮詢數	件	到今天為止的諮詢數	10 件
接受委託目標	件	接受委託目標	10 件
接受委託數	件	到今天為止的接受委託數	2 件
本月目標營業額	200 日圓	到今天為止的營業額	20日圓

律師牛見和博先生開業初期時的日報表

2013 年 7 月 4 日 星期四

提振精神的一句話：

	今日預定	結果
7:00		
8:00		
9:00	進公司 檢查信件	
10:00	↕ 會面	
11:00	中餐	
12:00		
13:00	↕ 處理案件	
14:00	會面	
15:00	↕ 處理案件	
16:00	會面	
17:00		
18:00	回家	
19:00		
20:00		
21:00		
22:00		
23:00		

今日的潛在客戶

夢想．希望	今日的潛在客戶
在山口縣提到律師就想到牛見	△△社的○○先生 ←有人介紹給我的！

順利的事（Good Job）．感謝	規則化
在沒有借款的日子中（7/4）進行借款諮詢	在○○日中辦宣傳活動

不順利的事（Bad Job）．反省	改善方法
沒有訂立溢付金案件的戰略	儘早製作專門網站

鼓勵．給自己的聲援	筆記
去做就做得到！	

※ 根據實際的日報表，改寫部分內容。

第4章

克服中小企業的兩大弱點（一）

所有工作都是業務工作

前面我們已經看過很多將PDCA日報表活用在中小企業經營上的方法，但看過許多企業後讓我深切感受到，有很多企業都有業務與財務上的問題，而這兩點也是中小企業的兩大弱點。因為不擅長，所以不少企業都沒有因應的對策。基本上都是交給業務，或者是經營者本身的感性判斷，把財務交給會計。

以經營顧問的立場來看，我們的客戶能在幾年之內把營收提升到三到四倍，主要原因都是因為之前沒有確實磨練業務力。因此，第四章將針對業務、第五章則針對財務，來進行唯有中小企業才能做到的強化法。

找到促購關鍵字

首先思考一下，與營業額有直接相關的促購或行銷到底是什麼？簡單來說，就是用麥克風大聲地把自家商品的特色傳達給潛在客戶知道。為此，必須要確實把握住自家商品的特性與差異，否則在促銷時就會錯誤傳達。好不容易提供了良好的服務，若是因為傳達出問題，就無法把商品或服務賣給顧客了。

促購和行銷
就是大聲宣傳商品的特徵

所以我希望經營者們能思考，如何正確理解自家的商品、服務並正確傳達出去。假設這樣商品或服務的潛在客戶有一百人，是否有製作出讓每個人都覺得想要的說明文。

促購與行銷的目的，就是讓潛在顧客想買你的商品或服務，最理想的商品說明就是所有人都想買。請試著思考一下，為什麼顧客會想要那個商品呢？這就是購買的原因。只要探究購買的原因，就會浮現出讓潛在顧客買單的關鍵字。

若是只靠自己一個人思考，難免會被既定觀念設限。因此我建議我的客戶們，向已經購買的顧客詢問購買理由。顧客們不一定是根據什麼邏輯或理論才購買的，所以一定要鍥而不捨地再三詢問。

弄清楚顧客真正的購買動機

我在開業初期也曾不厭其煩地一直去問客戶為什麼要和我們公司簽約，原本我預期的答案是：「我相信中司先生的顧問實力。」但是，我從每年營收十一億日圓的六十五歲社長那裡聽來的答案卻是：「因為中司你很年輕。」

真是讓人沮喪的回答啊。我想著：「什麼?!原來是這樣啊。」結果社長只是想要充沛的精力而已啊。他經營公司超過四十年，也想要退休了。可是他並沒有培育繼承人，所以擔心若是自己退休了，就會和現在的客戶斷了往來，所以遲遲不能退休。因此他說，想要用我的年輕優勢，去補足年年衰退的經營熱情。

「原來也有這樣啊！」這對我來說是一大發現，於是我立刻在日報表的「規則化」一欄中，寫入「也有客戶需要年輕與活力」，並且活用在之後的業務活動中，對六十歲以上的經營者展現出我的熱情與活力。

相反地，也有以下的情況。有社長開始寫日報表後，營收增加十倍，年收更是到了五億日圓。他和我簽約時是三十六歲，只大我五歲，前一份工作是大企業的員工，特別優秀。我追根究柢地問他：「為什麼和我們簽約呢？」結果他告訴我：「因為中司你比我年輕，若我在日報表上寫了『實行○○』卻沒做到，會覺得很慚愧。以前的我，想做的事只實踐了一成而已，腦中有很多新想法，卻無法落實行動。所以我希望找比我更年輕的人當顧問，那麼至少能實踐三成吧。」

這番話也讓我恍然大悟，面對比我更優秀的經營者，我只要展現出「只要活用日報表，想法的實踐率就會倍增」就好的正向態度，而不是顧問的技巧。

像這樣的故事我還有很多，徹底挖掘顧客購買商品和服務的原因，找出關鍵字，穿插在業務話術或工作技巧中，再依照客戶的年齡與專業程度來使用，這麼一來，對方就會覺得非你不可。

若是沒有正確把握顧客的購買動機，就會在錯誤的理解下進行推銷，相信錯誤資訊的顧客買了商品和服務後，會感覺被背叛了，不僅不會再買第二次，還會留下負評，讓其他顧客不會購買。這就是一開始利用廣告的力量成功攬客，但是下個月起就突然賣不好的原因。

行銷要由下往上思考

接下來，我們來思考一下要如何強化促購和行銷。我在修正業務工作時，首先會將工作細分化，檢查在怎樣的流程下，工作才能順利進展。用**「行銷漏斗」**來看行銷的工作流程很方便，大的倒三角形與小的三角形頂點相連，因為上方的倒三角形很像漏斗的形狀，所以稱為行銷漏斗。

那麼就從上面的倒三角形開始說明吧。倒三角形代表人數，行銷時要以當地人口為基礎，以山口市為例，人口就是十九萬，這就位於漏斗的最上層。接著，這個地區的總人口中，有多少人知道自己的商品或服務，這是第二層，人口會比最上層少。再來是對商品或服務有興趣的人、實際的來客數、購買的人數，人數會逐漸遞減成V字型。

下方的三角形則表示營業額。比起只買過一次的顧客，按照買過好幾次的用戶、會定期利用的中度用戶、會定期利用而且客單價高的重度用戶的順序，營業額會依序增大。

行銷地圖

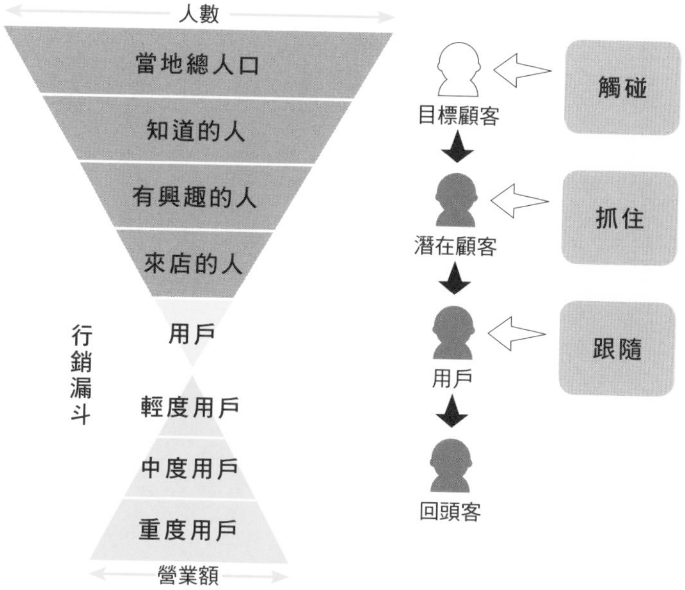

觸碰（PR・行銷）	• 明確目標，創造能接近對方的氛圍和狀態。 • 宣傳道具有廣告、傳單、招牌、SNS、顧客的介紹等。
抓住（接客・銷售・業務）	• 針對潛在客戶，引導他們購買。 • 提供介紹公司或商品的小冊子、海報，甚至是舉辦活動等。
跟隨（情報提供）	• 讓用戶或觀望的客人成為重度用戶，或是理想的顧客。 • 道具有 DM、廣告訊息、感謝信、會員活動等。

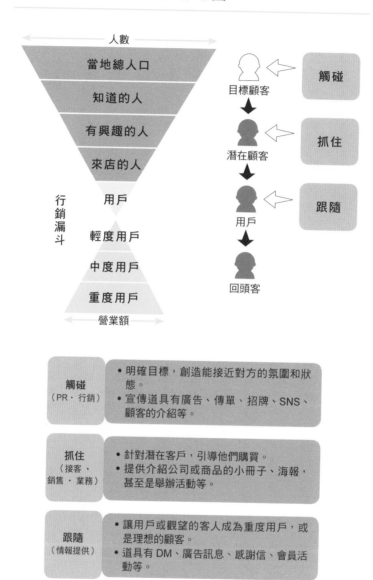

加強三角形的接點部分

上面大的倒三角形的流向是從潛在客戶到用戶，下面的三角形則是從用戶到重度用戶。在行銷漏斗中，上面的倒三角形部分往下走時，數字會逐漸減少。這時，關鍵就是把好不容易成為用戶的人，往回頭客、重度用戶的方向推動。也就是，行銷要加強的就是倒三角形與下方小三角形的接觸部分。

接點的部分愈細，好不容易花錢做廣告宣傳，顧客愈只會一次性的消費，而無法期待他們成為回頭客。花在行銷的成本很高，卻沒有利益。

根據某個健康食品的統計，要獲得一名初次消費顧客就要花一萬日圓。但是，顧客最初所買的商品（試用價）只有一千日圓。也就是說，有九千日圓的赤字。為什麼這樣還能做生意呢？這是那間公司獨特的手法，利用電話銷售以及與商品一同包裝的傳單，就以極高的機率能讓初次購買的顧客成為回頭客。愈是優良的企業，愈是有計畫讓下方三角形部分中的用戶變成回頭客。

一般人想要加強促銷，都會從行銷漏斗的上方開始，也就是光顧著攬客著手。但其實並非如此，而是必須充實下方三角形的部分。正確的順序是要思考，該如何讓回頭客變成重度用戶？該如何讓用戶變成回頭客？該如何滿足用戶？該如何讓潛在客戶成為用戶？該如何讓目標成為潛在客戶？

行銷的基本是由下往上思考，請不要弄錯這個順序。對企業來說，最理想的是顧客是重度用戶。行銷中最花成本的是開發新客戶，但若不需要做這些，就能用低成本獲取高收益。反過來說，最悲慘的就是沒有重度用戶，大多都是只買一次的顧客。如此就得經常開拓新客戶，就會變成負債經營。

觸碰、抓住、跟隨

前面提過，工作流程的改善順序是從下而上，但是用時間排序來說明工作流程的話會比較好理解，所以這次就從漏斗的上方開始說明。

新客戶要變成回頭客，會經過四個階段：目標顧客、潛在顧客、用戶和回頭客。所謂的目標顧客就是以地區、性別、職業和所得等條件為基準，希望哪些人買這個商品或服務，準確宣傳打動這群人。這個階段的人數非常多，所以無法面對面宣傳，而是以招牌、傳單和媒體等軟性訴求為主，所以用「觸碰」來表現。

若對方有興趣就會成為潛在客戶，接著就發動比觸碰再強力的「抓住」，具體而言就是面對面的接待或宣傳；把用戶變成回頭客的就是「跟隨」。透過送出感謝函、定期發送廣告訊息等，試著將用戶圈粉，推動他們成為回頭客或購買更高價的商品和服務。

一百六十八頁的圖是以我的公司為例寫出的行銷漏斗。上方的倒三角形中，完整呈現了目標顧客成為用戶的路徑。簽約進行修改日報表的就是「用戶」，前一階段的是「潛在顧客」，用戶的下一個階段是「既有顧客」。大致來說，讓人知道商品和服務的契機有七種：交換臉書或名片、突擊式的客戶拜訪、透過別人介紹、報章雜誌或書籍等，流程是引導客戶參加一次性的業務講座或促銷講座，展現日報表的優點，然後讓他們來日報表講座，最後成為修改日報表的用戶。

成為用戶後，每月要加上一到兩次的面談，還要準備宣傳品、社員研修、事業企劃等諮詢服務。也就是說，既有顧客中有五個階段，本公司會提供完整服務給「重度用戶」。

行銷漏斗的圖中有稱做顧客終生價值（ＬＴＶ，Lifetime Value），用四邊形圈起來的部分。ＬＴＶ被稱為顧客終生價值，是以顧客從現在到未來預期可以帶給企業多少利益中算出現有的價值，表示顧客最多能購買多少商品和服務。

與顧客建構共存共榮的關係

對企業經營最重要的是，如何將單純的用戶變成輕度用戶、粉絲用戶和重度用戶。首先不是要開拓新客戶，而是要思考既有顧客的ＬＴＶ，在此之前，希望顧客以怎樣的頻率、多利用什麼商品和服務，必須確立好方法，讓單純用戶朝粉絲用戶、重度用戶進化。

順帶一提，我自己是用日報表讓用戶進化成粉絲用戶和重度用戶，只要經營者的業績提升了，客戶就會不斷主動提出想做的事，就企業來說，只要每上升一個階段，就必須多投入心力在員工教育以及行銷上。也就是說，顧客的成長對我

行銷漏斗的範例

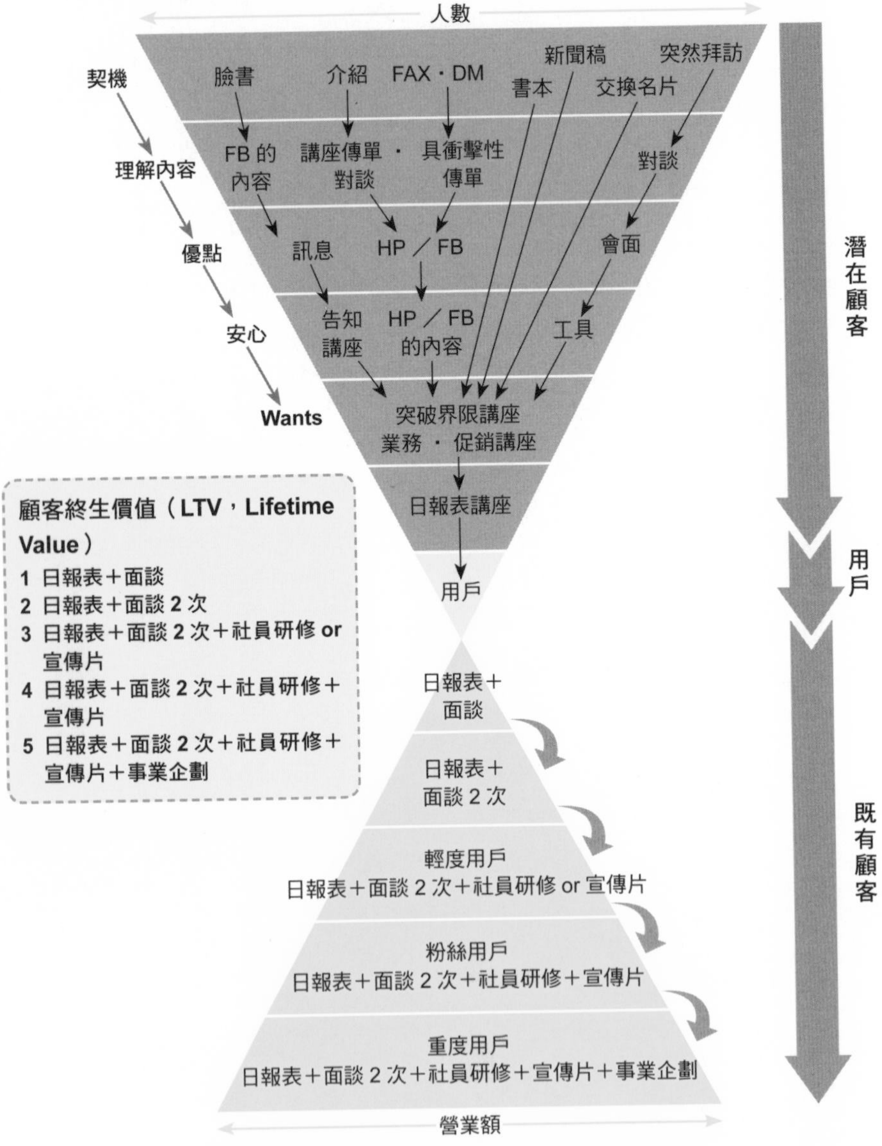
人數
契機
理解內容
優點
安心
Wants
臉書
介紹
FAX・DM
新聞稿
書本
突然拜訪
交換名片
FB 的內容
講座傳單・對談
具衝擊性傳單
對談
訊息
HP／FB
會面
告知講座
HP／FB 的內容
工具
突破界限講座
業務・促銷講座
日報表講座
用戶
日報表＋面談
日報表＋面談 2 次
輕度用戶
日報表＋面談 2 次＋社員研修 or 宣傳片
粉絲用戶
日報表＋面談 2 次＋社員研修＋宣傳片
重度用戶
日報表＋面談 2 次＋社員研修＋宣傳片＋事業企劃
營業額
潛在顧客
用戶
既有顧客
顧客終生價值（LTV，Lifetime Value）
1 日報表＋面談
2 日報表＋面談 2 次
3 日報表＋面談 2 次＋社員研修 or 宣傳片
4 日報表＋面談 2 次＋社員研修＋宣傳片
5 日報表＋面談 2 次＋社員研修＋宣傳片＋事業企劃

既有顧客的五個階段
（以日報表 Station 為例）

（1）修改日報表＋每月面談 1 次
（2）修改日報表＋每月面談 2 次
（3）修改日報表＋每月面談 2 次＋社員研修或是商品宣傳（輕度用戶）
（4）修改日報表＋每月面談 2 次＋社員研修＋商品宣傳（粉絲用戶）
（5）修改日報表＋每月面談 2 次＋社員研修＋商品宣傳＋事業企劃（重度用戶）

們來說就是最大的好處，我們之間有著共存共榮的關係。

若想打造重度用戶，就要打造共存共榮的關係。只有一方獲利的關係是無法長久的，正因為彼此共存共榮，顧客的忠誠度也會提高。長久下來，也會願意花費大筆金錢，LTV就會提升。

讀者們請務必試著製作自家公司商品或服務的行銷漏斗。

打造獲得顧客的流程

整理好從用戶轉變成重度用戶的流向後，接著要來思考潛在顧客轉向用戶的流

試著製作屬於你的行銷漏斗

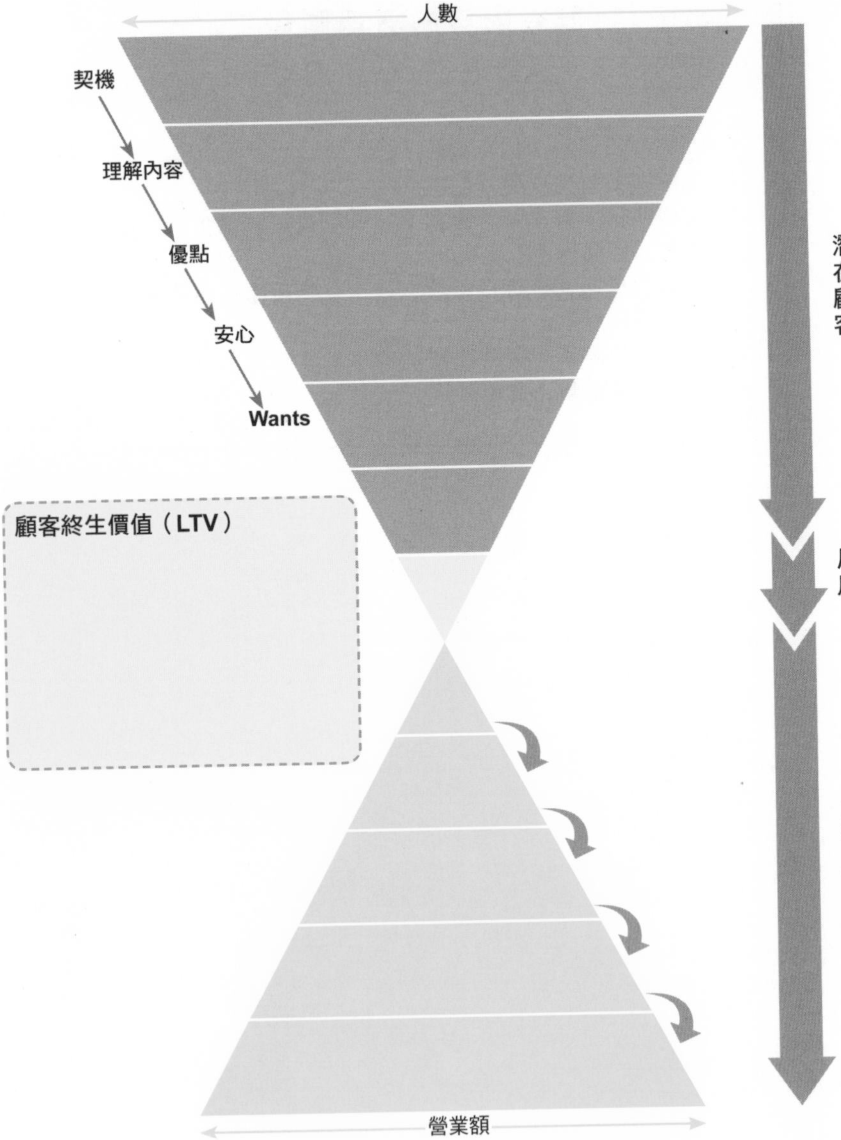

向。這時要使用的是「獲得顧客的流程」，這是因應在製作行銷漏斗時細分化「業務行動的流程」而加上「顧客心理轉變」，思考在各階段必要的「具體行動」以及「使用工具」。

我們用傳統業務為例，一般業務的十個流程：拜訪潛在客戶、閒話家常、引起興趣、預約下次見面、讓對方聽自己說話、傾聽需求和 Wants、控制需求和 Wants、讓對方覺得想要、交涉簽約和簽約。

顧客最初的心理狀態一定是不安和不信任，但漸漸地就會打開心門。實際上，我們雖是想要賣商品和服務給對方，但賣方要展現出專業，所以重點是加深與顧客間的關係，將顧客心理形塑成賣方＝老師、買方＝學生的關係。

這麼一來，顧客自然會帶著希望有人傾聽我的希望和煩惱的心願前來，傾向用你販賣的商品和服務來解決自己的煩惱，這樣就幾乎完成了業務的八成。之後只要配合顧客想要的理想，決定必要的商品和服務，讓顧客在合約上簽名就好。

我們要根據這個「業務活動的流程」與「顧客心理的轉變」，來決定業務的「具體行動」以及「使用工具或話術」。

銷售話術因人而異

對許多跑業務的人來說，在「顧客心理轉變」中最先遇上的難關，就是打開對方的心防。例如若是在鞋店看鞋時，大多數的店員會說：「有喜歡的商品，可以試穿看看。」可是，許多消費者聽到店員這麼一說，就會覺得「要是試穿了，就會被強迫推銷」而進入警戒模式。

其實，我在二十多歲時，曾在中國和九州的連鎖鞋店擔任店員。我被分配到的分店原本已經決定很快就要歇業了，但我進去之後，營業額大幅成長，所以改裝後就繼續營業了。

當時我使用的話術是：「若是有喜歡的鞋子，試著讓它發臭看看」這類的玩笑話。看到這裡請不要覺得這笑話很冷，當時還頗能逗人發笑的。那時候我不知道該怎麼做才能卸下顧客的心防，所以採取了各種話術與行動，然後將試成功的，當作自己的話術與行動指南。

在行動上，我經常會把空鞋盒堆疊起來，然後故意在顧客旁推倒。根據我個

獲得顧客的流程

業務活動的流程	具體行動	使用工具	顧客心理活動與轉變
自我介紹、公司介紹	拜訪認識的人、朋友	名片、小冊子	安心
▼	▼	▼	▼
能閒話家常	閒話家常	閒聊話題（事前準備好）	打開心門
▼	▼	▼	▼
引起興趣	讓對方知道關於商品大概	吸引對方廣告標語（傳單）	關心
▼	▼	▼	▼
取得預約	「傾聽」對方的話	預約談話（事前準備好）	提高關心度
▼	▼	▼	▼
對方聽自己說話詢問需求、Wants	傾聽對方煩惱、希望，確認必要事項	聆聽（事前列表要問的事項）	希望人聽取自己的欲望、煩惱
▼	▼	▼	▼
控制對方的需求、Wants	提案解決煩惱的方法，引導其想像解決後的實現畫面	介紹成功事例（事前做好準備）	認為對方是專家，想獲得解決辦法
▼	▼	▼	▼
讓對方覺得想要	膨脹對方的想像提高實現慾求	業務談話（事前做好準備）	決定好要實現的想像、慾求
▼	▼	▼	▼
交涉	設定收款日設定支付條件	合約、帳號匯款單、收據	決定必要事物以表現慾求
▼	▼		▼
簽約	製作合約書		購買・實踐

「業務活動流程」是顯示實際上業務的進行順序，而「顧客心理轉變」則是顯示在過程中，顧客心理如何變化。

人的計算，約有八成的顧客會幫忙將空鞋盒重新堆疊起來。此時就可以一邊道謝：「謝謝，真不好意思，真是太謝謝您了！」一邊說著閒聊的開場白：「您現在是下班要回家了嗎？」這麼一來，自然就能縮短心理上的距離。一旦共同作業過，關係就會變好，大家應該都經驗過這種感覺。

我在土木工程公司當業務時，偶然一次不是穿西裝而是穿工作服去拜訪客戶，結果對方接待我的方式比以前更親切了，這是因為穿著工作服的模樣成為打開對方心防的契機。擁有許多活絡氣氛的小笑料，就是提高業務的訣竅。

每位業務都有屬於自己的方法，可以把這些方法化為文字，選擇幾種最有效的話術模式，手冊化後就能讓全員都能使用。

費力想出打中顧客內心的字句

在業務活動中，介紹公司或商品和服務的話術與宣傳單是不可少的。可是許多中小企業製作的宣傳品都沒有發揮效果。因為宣傳品都是交由負責的業務製作，所以內容看起來很敷衍，或是公司簡介的資訊沒有更新。本來公司簡介或是文宣品，必須要有能打中對方的文案，或是精挑細選的廣告標語。

要寫出吸引人的文案，首先要從提出素材開始，分量大約是十張A４紙。要想出好的素材，請參考第六章的四十九個提問，就會明確知道自家公司或商品和服務的強項與特色。

針對公司歷史或職種，我們列出各式提問，請思考後寫出答案。難以回答的人，也可以上網搜尋，重要的是要產出一定數量的文字來。其次，從中挑選出覺得「只要說了這個，對方就想買」、「要是說了這個就會增加信賴感」的內容，請收集約兩張A４用紙的分量。參考這些文字，寫成三百字左右的文章。

比起一下子寫出三百字，濃縮大量資訊精華的文章，絕對能增加說服力。順帶一提，我總共寫了三百字、五百字和九百字的三種版本。跑業務時，沒什麼時間就用三百字、稍微有點時間就用九百字，根據情況分開使用。同樣地，也請讀者們製作屬於自己的商品說明與自我介紹吧。

寫出自家商品或服務的介紹文（300 字與 500 字的範例）

300 字版

日報表 Station 是專為中小企業服務的諮詢公司，我們會將大家認為「寫了也沒意義」的日報表，改編成符合企業或個人的日報表，每天幫大家修改，好讓大家有動力能持續寫日報表。

接受日報表修改和諮詢的企業，陸續有了好成績，不論是月營收從 96 萬日圓增加到 674 萬日圓的網路花店，還是月營收從 35 萬日圓增加到 1042 萬日圓的律師事務所等不同行業與企業型態。

公司代表中司祉岐統整這些技巧，於 2011 年出版了《中司日報表》，之後更陸續在 NHK、FN 東京、President 雜誌、商業界雜誌、日經 BP Mook 等媒體曝光。

500 字版

日報表 Station 是專為中小企業服務的諮詢公司，我們會將大家認為「寫了也沒意義」的日報表，改編成符合企業或個人的日報表，每天幫大家修改，好讓大家有動力能持續寫日報表。

接受日報表修改和諮詢的企業，陸續有了好成績。例如網路花店從月營收 96 萬日圓增加到 674 萬日圓，吊籃的銷售量與營業額都是日本第一；土木工程公司的月營收從 1588 萬日圓增加到 3740 萬日圓；咖哩店的月營收從 59 萬日圓增加到 254 萬日圓；律師事務所的月營收從 35 萬日圓成長到 1042 萬日圓。

公司代表中司祉岐統整這些技巧，於 2011 年出版了《中司日報表》，之後更陸續在 NHK、FN 東京、President 雜誌、商業界雜誌、日經 BP Mook 等媒體曝光。

日報表 Station 會配合顧客「想克服的弱點」「想提升的技術」，提案日報表形式。而藉由持續書寫適合自己的日報表，商業形式會有所改變，並出現成果。此外，為使客戶能持續書寫日報表，我們會仔細修改日報表。以客觀的視角切入，就能發現自己沒發現的問題，逐漸靠近理想的模樣。

寫出與同業的差異和優勢

在公司簡介、商品說明和自我介紹中，呈現與其他公司的差異和優勢很重要。例如確實調查好公司的歷史，並在介紹中加入想賣的商品，這樣就容易顯現出與其他公司的差別。就算其他公司有賣相同的商品和服務，但是每間公司的歷史規模不同。歷史長的公司可以強調對地方的貢獻，能讓人有信賴感。

我的公司的歷史還很短，所以無法拿來說嘴，但是反過來說，可以表現出公司的年輕有朝氣。此外，社會上雖有很多諮詢公司，但都不是針對中小企業。

大型諮詢公司的費用據說用時薪計算，大約是三十萬日圓以上，對中小企業的負擔很大，而且也沒有修改日報表的服務。這麼一來，我的公司優勢就很容易跳出來了。不過，日報表諮詢對一般人來說並不是那麼熟悉的業種，所以必須仔細說明，那是什麼服務？為什麼有效？

一百八十頁準備了「寫出自家公司、商品和服務的優勢」的圖表，請花十分鐘填寫，並在一個星期內，每天花五分鐘再看一次並刪改。一開始也可以只寫入單字，只要這三個優勢明確了，業務力就會大幅提升。

製作有吸引力的廣告標語方法

山口市有個叫做 MIHORI 集團的連鎖餐飲店，是間烏龍麵店，這間公司推出了炸雞粉。因為在烏龍麵店販賣的炸雞很受歡迎，所以就另外販賣炸雞粉。這個商品的特徵是「混合了魚貝類與蝦子萃取物、生薑、大蒜、洋蔥、砂糖、鹽和澱粉等山珍海味的調味料」，有在超市買不到的獨創性和美味。最初開賣這個炸雞粉時的廣告標語就是「在山口被吃掉了二億個的炸雞粉」。

一聽到「億」這個單位，所有人都會覺得「好厲害」、「有這麼多人吃過了一定很好吃」。像這樣，提出數字更能增加說服力。此外，針對特定區域與商品分類，強調「在〇〇是第一名」也很有效。

提高客單價

業務的流程是，「接觸」目標客戶、「抓住」潛在客戶和「跟隨」用戶。強化跟隨的目的是，提高回購次數與客單價，那麼應該做些什麼呢？

購買商品和服務時，就是促使顧客回購的最好機會。重要的是，不要只滿足於單項商品和服務，還要讓顧客知道還有其他商品或是取得下次的預約。

我的委託人中，也有理髮店或美容院的經營者，我會建議經營者學著教育顧客。例如有位男性每兩個月會剪一次頭髮，若是能讓那個人一個月來一次，就有兩倍的業績了。這時只要教育顧客，頭髮最少每個月要剪一次。例如準備好照片說明剪髮一個月後、兩個月後的髮型差異，或是在容易看到的地方貼海報。

由賣方設計買法

一般我們都會認為，流行或購買方式是由顧客決定，實際上並非如此，購買

寫出自家公司、商品和服務的優勢

自家商品和服務的魅力

自家公司的魅力

自己的魅力

寫出自家公司、商品和服務的優勢
（某間製作招牌的公司）

自家商品和服務的魅力

我們不只以「要讓顧客的公司繁榮興盛」為座右銘來製作招牌，也和委託者一起同心協力思考宣傳方法。我們的實績有，本公司設計製作當作岩國市特產販賣的「岩國海軍飛空艇咖哩」賣破30萬份。此外我們也為想銷售太陽能發電裝置而獨立創業的業務製作了招牌，他在獨立後一年，成長成擁有15名員工的公司。岩國國際機場啟用時，我們也負責製作海報、旗幟、扇子、招牌和車體廣告。

自家公司的魅力

從商標設計，到宣傳手冊、傳單、招牌、制服、車體廣告的設計、施工，我們都能做。我們創業於1981年，有38年的歷史，施工超過2000件，從沒有過延期的客訴。在招牌業界有著50年資歷的熟練工匠兼創業者，仍活躍於公司第一線。從設計到製作都能一條龍包辦，所以能降低成本並提出多樣性的提案。招牌施工有兩人，圖案設計有三人，其中一人兼動畫創作家。我們也挑戰了LED、3D看板等，能立刻對應新技術。

自己的魅力

我曾在中國和九州地方知名的設計顧問公司研修四年。當時我從20多歲起就歷經製作超過100間公司的跨媒體、宣傳和設計。我是一名多樣化的設計師，會徹底分析客戶企業的經營戰略，打造宣傳整體架構，甚至關注企業活性化，提出完整的設計。我的工作態度，獲得許多委託者的好評：「能完整深入理解客戶的事業體並做出設計，讓人很安心。」

方法必須由賣方來設計並教育顧客。

我的顧客中有美體店的經營者，店內販賣高價保養品給顧客是很理所當然的，但同時他們還加了小技巧，就是增加販賣保養品的使用量。例如某個乳液的使用量通常只要按壓三次，這間公司會建議客人按壓六次，告訴顧客「連脖子或是從脖項到胸口的部分都要塗抹」。顧客會滿足於「連脖子部分都能保養到」，因為這樣，就能賣出兩倍的保養品。也就是說，使用方法的標準是由店家制定。

衣服的汰舊時機也是由店家制定，對顧客不經意地持續說「應該趁這時候買新衣」；輪胎的換新時機也是由店家決定，所以要勤加打電話或是寄明信片通知；重新粉刷家中牆壁的時機也沒有標準，而是將店家的標準當作顧客的標準。

不過，為了讓顧客心服口服，必須有強而有力的說服材料，「連脖子都可以保養到」、「里程數與橡膠的劣化狀況」、「油漆經年劣化的狀況」等等。請收集這些素材並教育顧客。

第5章

克服中小企業的兩大弱點（二）

進行財務分析以產出利益

幾乎所有中小企業的經營者，都不擅長財務。一問他們經營數字，不少經營者都會說：「我們都是交給會計處理。」原因是「因為很多專業術語，好像很難懂。」但是若能稍微了解，就會和學英文一樣有趣。

之所以覺得有趣，是因為若是懂得財務或會計，就能創造更多的利益。我認為，所謂的經營者，就是必須喜歡一般人討厭的東西，不然就無法成為好的經營者。即便是創業，也是因為去從事了普通人認為很困難的事。

若將公司重整交給會對調動資金而感到興奮的人，一切就會順利進行。真正的領導者不會對部下的失誤發怒，而是會興奮地認為「終於到我出場的時候了」。因為犯了錯的部下會想要依賴他人，這時若冷淡以對：「居然搞出這種失誤！」部下就不會想跟隨你了。經營者或領導者必須積極正面地接受大家都覺得討厭的事。

財務分析從六組數字開始

不過，本來就不擅長財務的人，也無法立刻就從事高難度的工作。因此第五章中，將解說中小企業經營者最好要知道的財務常識，這是針對初學者的程度，對財務有自信的人可以跳過不看。首先，經營者必須要先了解以下六組數字。

- **營業額**
- **毛利**
- **利益**
- **變動成本**
- **固定成本**
- **人事費**

只要知道這六組數字，就能用數字掌握經營的大致框架。營業額正如字面所說，是某項商品或服務在一定期間內的銷售總額。要有營業額，必須花上各項經費，像是原物料費以及人事費等。

這些經費可以分為兩種：變動成本與固定成本。變動成本是隨銷售增加而隨比例增加的經費，原物料費與向外部訂貨的費用都屬於此；固定成本與銷售額的增減無關，是一定會花費的人事費等費用。

其實即便是同樣的經費，在不同業種中，會成為固定成本，或是變動成本。例如貨車運送業，若運送距離為兩倍，汽油費就會加倍，汽油費就會成為變動成本，但是在一般企業中，汽油費是固定成本。若是要消耗大量電力去製造產品的工廠，電費就是變動成本，但是服務業的辦公室電費則是固定成本。

就像這樣，因業種不同，固定成本與變動成本的界定也不一樣，在各位的公司中，哪些是固定成本，哪些是變動成本？可以諮詢財務顧問。

營業額、變動成本、固定成本和利益的關係
（以每月交易總額100萬日圓的企業為例）

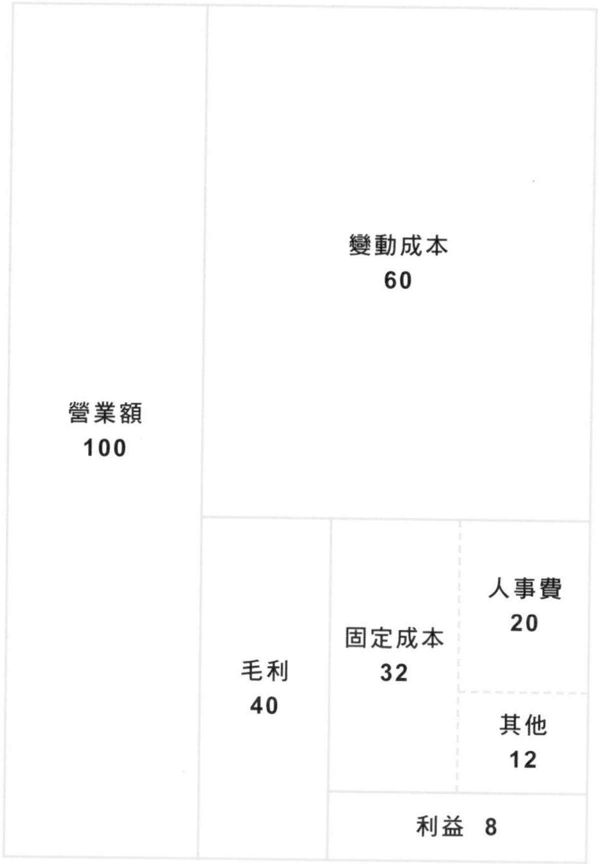

※ 單位為萬日圓

目標為營業額比收支平衡點還高

其次要來看的是毛利，毛利是由營業額減去變動成本而得出。

毛利＝營業額－變動成本

毛利率＝毛利÷營業額

若毛利比固定成本還大，中間差就會成為利益；若毛利與固定成本相同，利益就是零，我們稱利益為零的營業額為收支平衡點銷售量。從這裡我們可以知道：「經營就是從事以毛利來回收固定成本的行為」。因此，經營者必須把營業額目標訂在高於收支平衡點的標準。同時，收支平衡點能用以下的公式算出。

收支平衡點銷售量＝固定成本÷毛利率

毛利與固定成本、利益的關係

毛利	<	固定成本	→	赤字
毛利	＝	固定成本	→	此時的營業額為收支平衡點銷售量
毛利	>	固定成本	→	盈餘

以一百八十七頁的公司來看，就會是以下的公式：

32÷0.4

可以算出收支平衡點銷售量為八十萬日圓。

許多中小企業中，占固定成本最大比例的就是人事費。人事費是薪水、獎金、津貼和公司福利待遇等與人相關的費用。只要知道這六組數字，就能進行各種經營模擬，從中也會得知意外的結果。同樣以一百八十七頁的企業為例：

Q 若毛利率改善1%，利益會提升幾%？

若營業額維持在一百萬日圓，變動成本為五十九萬日圓，固定成本為三十二萬日圓，則利益只要增加一萬日圓，就會成為九萬日圓，提升

12.5%。也就是說，只要毛利率提升1%，利益就會提高超過一成。重新修正變動成本、削減成本，對提高利益有莫大貢獻。

Q 若要使用十萬日圓的廣告費，一個五千日圓的商品要賣幾個以上？（前提條件．商品的毛利率為四十%，廣告費用為固定成本）

答案如一百九十三頁的表。必須要賣出五十個（二十五萬日圓的份數）。若要花費十萬日圓的廣告費，當然得賣超過十萬日圓，但具體詢問必須要提升銷售額到多少以上，有很多人都答不出來。所以這份模擬練習很有幫助。

一個商品的毛利為兩千日圓（五千日圓×40%），要回收廣告費的十萬日圓時，就要先思考必須賣幾個。

詳細了解經費細項

企業經營要有營收，就要在增加銷售額或是削減成本中二選一。因此至少要

要提供 10 萬日圓的廣告費，需要售出的個數是？

廣告費 10 萬日圓 ÷（單價 5000 日圓 × 毛利率 40%）

＝ 50 個（營業額 25 萬日圓）

了解銷售額、變動成本和固定成本三組數字。若對財務有興趣，請務必關注一下銷售額、變動成本與固定成本的細項。

我的公司中，營業額是（顧問的）簽約銷售、壟斷經銷權研修和加盟金、講座營收和壟斷經銷權營業額等；支出為人事費，其他還可以細分為外包費用（廣告設計）、廣告宣傳費、影印機的租賃和維修費、事務用品、水電費、旅宿交通費、接待交際費、電信費、公共稅費、講座場地費、保險費、房租或停車費和支付給財顧顧問、社會保險的費用等，可以仔細確認每月的數字。

以概略的每月核算表來檢核經營數字

不只是公司整體業績，我公司除了行政人員，其他員工都是顧問，為了清楚了解每個人的營業額，每月都會提出數據資料。若是同時擁有多間店面或事務所，就要彙整每間店或每個據點的每月資料，我把這樣的表格命名為「概略的每月核算表」，這張表是用來概略掌握住在經營上必要的數字。

我希望大家務必每個月都要做這張概略核算表，之後我將會敘述其製作方法。在這張表中，不只有營業額、支出、利益，也可以檢核現金、償還借款和餘額。會出現的狀況有庫存很多，或是若有較多無法回收的銷售貨款，就算決算是盈餘，手邊也沒有現金。若能確實看清楚現金流，就能避免資金短缺。

製作這樣的數據資料，速度是最重要的。不論提出多仔細的數字，若是提出半年前的數字，一點幫助都沒有。至少要在新月份開始的第一個禮拜內以概略的每月核算表，彙整好數字。

概略的每月核算表書寫範例

（以日報表 Station 為例）

	細項	2017 年 3 月	4 月	5 月	6 月
營業額	顧問 A	1,066,200	945,600	885,600	1,085,200
	顧問 B	1,048,320	1,041,760	1,127,400	1,081,560
	顧問 C（新人）	663,120	732,520	721,560	627,400
	顧問 D（新人）	363,400	363,600	447,752	433,000
	FC 營業額總計	2,028,703	1,962,196	2,593,796	2,306,798
	FC 研修費・加盟金	1,350,000	5,220,000	1,169,800	640,000
	講座會費	69,000	236,000	13,000	320,000
	聯誼會費	5,000	55,000	0	130,000
	書籍銷售	0	12,172	0	3,132
	講師費	108,000	30,780	54,000	270,000
	雜項收入	0	183,490	0	38,880
	其他	21,464	0	7,560	0
	營業額合計	**6,723,207**	**10,783,118**	**7,020,468**	**6,935,970**
支出	人事費	1,032,542	1,093,321	1,161,018	1,294,433
	FC 退還	1,453,783	1,559,712	1,482,820	1,871,796
	稅理士	29,337	29,337	195,580	29,337
	社會保險勞務士	10,800	10,800	10,800	10,800
	外包費 設計	719,925	739,204	999,346	1,021,761
	房屋租金・停車場	255,400	255,400	264,040	259,720
	水電費	48,054	57,755	40,205	36,958
	電信費	48,698	60,177	67,051	63,173
	保險	378,446	378,301	415,741	415,741
	公共稅費	0	1,788,597	54,500	387,029
	旅宿交通費（油錢等）	26,675	48,732	158,208	35,337
	保全公司	6,264	9,504	6,264	6,264
	會費	5,400	27,600	5,400	18,900
	講座場地費	74,537	51,210	70,267	24,600
	廣告宣傳費	32,400	18,400	44,000	8,100
	影印機租賃・維修費	14,040	24,243	211,680	30,235
	講座聯誼會	0	46,000	0	124,000
	招聘講座主持人・講師	162,000	0	162,000	166,038
	接待交際費	28,550	16,479	245,346	234,513
	公司福利津貼	17,193	64,759	7,474	93,160
	事務用品・消耗品	11,082	16,674	21,001	15,797
	雜費	27,403	20,470	14,634	15,982
	購買書籍	0	33,480	0	0
	其他	591,000	1,185,000	105,000	1,101,000
	支出合計	**4,973,529**	**7,535,155**	**5,742,375**	**7,264,674**
利益	**營業額 - 支出**	**1,749,678**	**3,247,963**	**1,278,093**	**▲ 328,704**
	消費稅（概算）	196,786	338,875	115,755	154,907
	利益	**1,552,892**	**2,909,088**	**1,162,338**	**▲ 483,611**

還款	返還每月借貸金額（〇〇銀行）	184,332	184,949	184,782	184,240
	餘額	12,590,000	12,417,000	12,244,000	12,071,000

現金	主帳戶	1,535,441	1,695,335	1,610,050	1,229,750
	A 銀行帳戶	10,670,899	15,711,549	16,366,130	16,687,983
	FC 帳戶	1,460,091	955,855	1,446,763	760,668
	存款帳戶	2,907,988	1,119,391	1,319,391	1,519,391
	金庫	96,933	100,000	259,027	477,319
	現金合計	**16,671,352**	**19,582,130**	**21,001,361**	**20,675,111**

※ 下個月 5 號的餘額

成為金錢觀念很強的經營者吧

對中小企業的經營來說，用數字確實掌握自己事業的成績非常重要。既然都努力工作了，當然要從事能產出利益的工作。因此，要盡可能在第一時間掌握自己事業的成績，削減不必要的費用，將金錢使用在必要部分。這樣的籌措安排正是經營，而管理會計則是基礎。

大家有聽過管理會計嗎？所謂的會計，通常是指財務會計或稅務會計。財務會計是依據國內和國際規則向外部的利害關係者，說明自家公司的資產狀況以及事業成績，而稅務會計則是企業為繳納稅金而依據稅法等所計算出來的會計。

財務會計在掌握企業概要上很有助益，但沒有各部門以及各商品的細項數字，所以若經營者想要活用在每日的經營上，其實很不方便；管理會計就是將財務會計的數字細分化、分出新組別，為讓經營者方便使用而重新編制、計算（稅務會計是企業計算支付稅金所用的會計，思考節稅時很有幫助，但每日的經營要以數字來掌握，所以不適用）。

例如若是像我公司的諮詢業，身為社長的我每個月都會想檢核顧問每月花了多少經費、營業額多少和產出多少利益。因此，要在下個月的第一個星期內總計顧問個人的成績，製作每月核算表。

銷售額最大化、經費最小化

我希望大家在檢核每月核算表時，要記住兩句話。

- **銷售額最大化，經費最小化（京瓷創業者稻盛和夫的名言）**
- **量入為出（《禮記》）**

「銷售額最大化，經費最小化」是京瓷創業者稻盛和夫經常說的名言，意思是「經營就是如何放大銷售額，如何抑制經費」，請一邊誦唸著「銷售額最大化、經費最小化」，一邊重新審視自家公司的經營數字吧。

「量入為出」則是《禮記》中的文字，是「要確實計算收入，並配合著做支出」的訓誡。這個目的完全是為了擺脫糊塗帳以進行管理會計。

概略的每月核算表製作法

接下來，我們來看概略的每月核算表製作法吧。若不決定要在哪個時間點掌握住銷售額與經費，之後將會一團亂。若是同時交易與入帳，就不會引起混亂，但是在公對公（B to B）的法人型商業中，不少情況都是在簽約一到兩個月後才入帳。因此一般認為有兩個可做為衡量銷售額的時機：簽約進度與入帳進度。

我的建議是掌握簽約進度，原因是希望能盡早以數字掌握住事業體的實際狀態。此外，獲得合約（銷售額）所花費的經費，也要算在合約成立的那個月中。依此，該份合約（銷售額）所帶來的利益額度就會很明確。

我的公司是諮詢業，所以要以個別的方式來掌握。販售房屋或賣保險等業務類的公司，也有像這樣個別掌握銷售與經費，也可以因應必要在各部門或各營業所做總計。服飾業或賣鞋等以銷售員為主體的店家也是一樣。

另一方面，若是餐飲店，則建議在各店鋪中依各菜單，分為中午（午餐）與晚上（晚餐）來掌握。要掌握每一項菜單太辛苦，所以可分類為飲料、主食和甜點等來合計，主力餐點或新菜色是最容易掌握點餐頻率，所以要採個別合計。

在掌握經費上經常會有的問題是，如何分配會計和總務等行政人員（為產出利益的部門）的人事費，或是事務所房租等所謂的共同費用。關於這點，並沒有正確解答。我認為可以先試著從決定暫時性的規則著手，例如平均分配，或是依銷售額及利益的比例做分配等，再配合實際情況做調整就好。

檢視現金存款的餘額，避免盈餘破產

那麼，我們雖已說明過了掌握銷售額與經費的重要性，但還有非常重要的一點——掌握現金流。對公司來說，應該會有一天是需要支付較多的時候（例如月底），所以在那天過後，將稍微平靜下來的五天後（例如每月五號），定為「檢視現金存款餘額日」，統計有多少錢（現金・存款餘額），寫入概略的每月核算表中。

一般的中小企業，除了公司金庫裡的現金，還將銀行戶頭分為支付用與收帳用（為了支付消費稅，很多時候公司都會將戶頭分開，保留下從消費者處收到的稅金），只要合計這些帳本並加總起來，就能在當下知道持有多少金錢。

而且還要掌握住一個月的實際金錢收支。與事業相關的出入金稱之為營業收支，償還借款與利息收入等與事業沒有直接關係的收支則稱為財務收支。要分開營業收支與財務收支，好好掌握住數字。

關於財務收支的借款，不僅是還款金額，連同借款金額也可以分不同金融機關來記錄。能統整到這地步，就能以概略的每月核算表掌握住銷售額與經費，另一方面，我也建議各位要調查並寫下某個時間點的還款額度與餘額、金庫裡的錢、帳戶裡的金額以及全部的金額。

最好有六個月份的周轉資金

若像這樣採用概略的每月核算表，就能看出要經營一間公司，一個月需要多少資金。例如若一個月需要兩百萬日圓的經費，最好就能擁有六個月的一千兩百萬日圓左右周轉資金。因為若能有這樣的餘裕，即便公司的銷售額減半，到恢復經營為止，也能有比較長的延緩時間。

反過來說，若在周轉資金上沒有餘裕，一旦銷售急速增長，資金就會不足，有可能成為有盈餘卻倒閉。一旦銷售成長，原材料等變動成本也會增加。支付這些費用在前，販賣商品後獲得的金錢在後，周轉資金很容易會匱乏。

為了不造成出入金之間的差距，每月檢視出入金額、借還款金額都是不可欠缺的。只要習慣這樣的模式，就能預測出之前的資金出入帳，控制資金收支的平衡。到了這個程度，就能從財務初階班畢業了。

第兩百頁將介紹「概略的每月核算表」範例，請務必參考看看。

概略的每月核算表範例
（業務型企業、餐飲店、網路電商）

概略的每月核算表（業務型企業）　　　　　年

	細項	4月	5月	6月	7月	8月	9月	10月	11
銷售	A 先生								
	B 先生								
	C 先生								
	D 先生								
	E 先生								
	F 先生								
	G 先生								
	H 先生								
	雜項收入								
	銷售總計								
支出	從 A 公司進貨								
	從 B 公司進貨								
	從 C 公司進貨								
	進貨								
	人事費								
	保險								
	廣告宣傳費								
	HP ／設計								
	諮詢費								
	介紹費								
	展示會場地費								
	系統								
	稅理士								
	社會保險勞務士								
	房租								
	水電費								
	電信費								
	旅宿交通費								
	保全（ALSOK）								
	會費								
	消耗品費								
	交際費								
	公司福利待遇								
	影印機租賃 ・ 維修費								
	雜費								
	購書								
	其他								
	支出合計								
利益	銷售 ・ 支出								
	消費稅								
	利益								

還款	返還每月借貸金錢								
	餘額								

現金	主要戶頭								
	A 銀行戶頭								
	B 銀行戶頭								
	儲蓄帳戶								
	金庫								
	現今合計								

※ 隔月 5 日餘額。

概略的每月核算表（網路電商）　年

		4月	5
銷售	實體店鋪		
	網路商店		
	樂天 shop		
	Yahoo shop		
	Amazon shop		
	其他		
	雜項收入		
	銷售合計		
支出	從 A 公司進貨		
	從 B 公司進貨		
	從 C 公司進貨		
	進貨		
	包裝材料		
	郵局小包郵資		
	雅瑪多運費		
	佐川運費		
	董事報酬		
	社員人事費		
	兼職人員人事費		
	保險		
	實體店鋪廣告費		
	招牌費		
	WEB 商店 PPC 廣告費		
	樂天 shop 廣告費		
	HP 維修費		
	傳單設計		
	諮詢費		
	系統		
	稅理士		
	社會保險勞務士		
	房租		
	水電費		
	電信費		
	旅宿交通費		
	保全（ALSOK）		
	會費		
	消耗用品費		
	交際費		
	公司福利津貼		
	影印機租賃・維修費		
	雜費		
	購書		
	其他		
	支出合計		
利益	銷售・支出		
	消費稅		
	餘額		

還款	返還每月借貸金額		
	餘額		

現金	主要戶頭		
	A 銀行戶頭		
	B 銀行戶頭		
	存款帳戶		
	金庫		
	現金合計		

※ 隔月 5 日餘額。

概略的每月核算表（餐飲店）　年

		4月	5
銷售	午餐		
	晚餐		
	宴會		
	其他		
	銷售合計		
支出	從 A 公司進貨		
	從 B 公司進貨		
	從 C 公司進貨		
	進貨		
	董事報酬		
	社員　人事費		
	兼職人員　人事費		
	保險		
	媒體 A 廣告費		
	媒體 B 廣告費		
	媒體 C 廣告費		
	招牌費		
	其他廣告費		
	HP 維修費		
	傳單設計		
	諮詢費		
	POS 系統		
	USEN		
	打掃用具・腳踏墊		
	濕毛巾		
	稅理士		
	社會保險勞務士		
	房租		
	水電費		
	電信費		
	旅宿交通費		
	報紙圖書費		
	修繕費（改建）		
	消耗品費用		
	交際費		
	公司福利待遇		
	影印機租賃・維修費		
	雜支		
	其他		
	支出合計		
利益	銷售・支出		
	消費稅		
	利益		

還款	返還每月借貸金額		
	餘額		

現金	主要戶頭		
	A 銀行戶頭		
	B 銀行戶頭		
	存款戶頭		
	金庫		
	現金合計		

※ 隔月 5 日餘額。

第6章

讓營收倍增看得見的筆記活用術

四十九個問題徹底改善企業體質！

這時代被稱為商品跟服務都不好賣的時代，可是不論是哪種行業，還是有公司是賺錢的，那麼這些公司有什麼不同之處呢？

確實有些中小企業在做一些非常具獨創性的事業，可是許多業績有提升的中小企業也都在做著理所當然的事，不斷反覆試驗並做出改善，而這些公司都有在成長。

賣方（企業）引導顧客的賣方市場時代已經結束了。現今是買方時代，是由顧客選擇企業以及商品和服務。那麼，顧客是基於什麼基準來選擇購物店家、公司呢？就是商品、服務和待客這三項。

現在，只要這三者的其中之一降低到水準以下，就會進入價格談判，因為同款可選擇的商品很多。這種狀況中，如果商家希望顧客購買商品，就必須讓顧客覺得「我想在你的公司買，而不是其他家」。

只要四十九個問題，就能找出改善方法

因此第六章中，我要介紹改善經營的方法，也就是使用「銷售倍增工作單」，只要回答這些問題，就能重新評估商品、服務和待客。

首先是重新評估商品。只提出四十九個問題，或許大家不知道該怎麼回答，所以先以我們的顧客（宅配型的棉被清潔店）的回答為範例。問題全部有四十九個，即便要花些時間，也試著回答、填寫看看吧。

重新評估商品

Q1 商品名稱（服務名稱）為何？

（範例）宅配型棉被清潔

A商品力（重新評估品質）

Q2 為什麼想使用這項商品呢？

（若是獨家商品，那為什麼會想製作呢？）

（範例）因為受到業者的外包委託，進行棉被清潔，但利潤卻一直很微薄，因此九年前成立了自家品牌，開始和顧客直接交易。目的是直接聽到顧客的聲音以提高服務品質，並確保利益。

Q3 請寫出製作商品的過程、工序。

（範例）接單後會寄出裝有棉被袋跟預約書的「宅配套裝」。顧客照著說明書的指示，就能把棉被送到本公司來。經過檢查、塗抹洗潔劑、清洗、乾燥和完工檢驗等手續後，就會送還給顧客。

Q4 請寫出商品的外表（外觀）。

（範例）不只製作商標跟網頁，也著手製作裝棉被的袋子與介紹服務的傳單。

Q5 請寫出商品的內容（品質）。

（範例）幾乎能夠確實洗淨填充在棉被中的棉類髒汙，塵蟎去除率高達九十五％以上。

Q6

請寫出你的商品能讓人信賴的原因。

（範例）以棉被清潔的大企業技術和工序為基礎，再將之進化並活用。

Q7

請寫出商品的優點、特點。

（範例）能確實洗淨水性汙漬，接觸到肌膚時會帶來舒服的觸感。連全棉的汙漬都可以去掉，所以能除去滿滿的灰塵。

Q8 請寫出商品的缺點、不好之處。

（範例）洗前洗後看起來沒什麼差，所以會被顧客質疑真的有洗過嗎？比起衣服，棉被的乾燥手續較多，交貨時間要拉長（最快三天，最晚十天）。

B 打造品牌（商品形象）

其次來檢視一下打造品牌（商品形象）。你希望顧客對你提供的商品或服務有什麼樣的想法？自己對商品或服務的想法，與顧客所擁有的印象是否有落差？若是有，請想想該如何填補落差？

Q9 調查並寫出商品的歷史（類似商品或業界的歷史）

（範例）消費者沒有洗棉被的習慣，再加上羽絨被一開始是不能洗的。一九八九年後，雖會用獨創的系統來清洗棉被，但至今仍持續不斷反覆測試洗淨的方式。

Q10 你的商品是誰製作的？請寫出能吸引人之處。

（範例）是由五十多歲的廠長為首，帶領少數精銳專家（包含行政人員在內共七人的團隊），每天以專業的技術，堅持品質、用心製作。

Q 11

請寫出你的商品是如何構思得出？

（範例）我們一天中有三分之一的時間都在棉被中度過。我們明明都會洗內衣褲，但為什麼不洗棉被呢？棉被變乾淨了，人生有三分之一的時間會變得舒適，睡眠品質也會提高。

Q 12

你希望顧客對你的商品有何印象？

（範例）「棉被竟然能洗！」、「洗乾淨的棉被好舒服」、「棉被還是要洗一下比較好呢」。

Q13 你希望顧客在看到你的商品時怎麼想？

（範例）「比拿去清洗前乾淨多了」、「好想馬上用來睡覺看看」。

Q14 你希望顧客使用你的商品後會出現什麼反應？

（範例）「有拿去清洗真是太好了」、「想再次利用」。

C市場調查・市場分析

接下來的提問將直指核心。商品或服務是否能暢銷，鎖定目標顧客以及分析市場環境（尤其是競爭分析）是不可或缺的。這兩者稱為瞄準與定位（與其他公司間的「差別化」）。請透過以下四個問題來思考。

Q15 買你商品的人都是些什麼樣的人？

（範例）以三十到五十歲女性（主婦）與十七到十八歲開始一個人住的學生為主。

Q16

你希望今後買你商品的人（目標）是些什麼樣的人？

（範例）每天都很疲憊的三十到五十歲的外派員工。

Q17

你的目標顧客為何去買其他家的商品而不是你的？

（範例）沒有想到棉被可以洗、不知道我們公司或是清洗費用高。

Q18 請寫出現在的大環境。

（範例）二〇一八年因宅配公司的運費上漲（以往的三到五倍），所以不得不漲價（以往的一・七到一・八倍），固定利用的顧客有一半都停止使用了，無法獲得顧客對漲價的理解。

D 用印刷品表現公司或商品價值的方式

要做出與其他公司的差別，就要站在顧客的立場深思自家商品和服務能提供顧客的價值以及意義，而且必須使用業務話術、商品說明的宣傳品以及廣告文案明確傳達出來。為此，建議定期對顧客做問卷調查。

Q19 請寫出目標顧客會喜歡你的商品的原因。

（範例）幾乎沒有出現副作用，可以安心清潔。而且我們也提供換季時寄放棉被的「保管服務」，以及歸還棉被時的壓縮付費等附帶服務。

Q20 如何才能給人Q12的印象？

（範例）多加宣傳清潔棉被的必要性與好處，製造想讓人嘗試一次的機會。

Q21

如何才能給人Q13的印象？

（範例）不自負，維持品質，贏得安心與信賴。告訴所有工作人員顧客的真實心聲，讓員工對這份工作有責任感與必要性。

Q22

如何才能獲得Q14的反應？

（範例）提升電話的應對品質，詳細告知顧客，清潔專家實際正在進行的作業，讓顧客放心，之後就想再利用我們的服務。

Q23 如何才能表現出Q7的優點？

（範例）「洗過就能實際感受那種舒服！」、「清潔你的棉被，才能擁有舒適的睡眠」、「睡前是否會覺得鼻子癢癢的？或許這個問題能輕鬆解決喔。」

Q24 如何把Q8的缺點變優點？

（範例）「洗去眼睛看不到的灰塵、髒汙和過敏原」、「即便是幾十年前的棉被，也會誠心誠意清洗！」「專家努力清潔中，所以請耐心等待喔」。

Q25 以前面的內容為基礎，請寫出十個商品廣告標語。

（範例）「洗過就能實際感受到那種舒服」「只要清洗棉被心情就會愉快」「那樣的睡眠太奢侈了！」「只要清洗就能睡得更舒適」「即便看不到，也仔細清洗了確實藏在其中的髒汙」

重新評估服務

E顧客服務

以下是關於「重新評估服務」的提問。從顧客服務、服務機制、針對目標客戶的宣傳和待客業務的四個觀點深入研究。以目前為止回答的內容為基礎，盡可能詳細作答。

Q26 為了讓顧客滿意，請寫出絕對不可以做的事。

（範例）保管品的破損、棉絮結塊、遺失、乾燥不良導致發臭、寄送失誤等。

Q27 為了讓顧客滿意，請寫出正在做的事。

（範例）碰上必須由顧客判斷才能處理的情況時，以郵件或電話聯絡，務必要取得同意；放入感謝函一同寄送；幾乎都能確實除去血液髒汙；送回時通知宅配送件單號。

Q28 為了讓顧客滿意，請寫出不可以做什麼事、想做什麼事。

（範例）應對運費上漲的方法（交涉價格或是換別的業者）。

Q29 請寫出想知道顧客的哪些資訊。
（請盡可能多些，並排出重要順序）

（範例）1「是否對清洗棉被有興趣？」、2「為什麼有興趣？」、3「決定要清潔棉被的契機是？」、4「（若要洗棉被）選擇店家的基準是什麼？」、5「（若要洗棉被）重視哪方面的品質？」

Q30 如何活用顧客的個資？有想要活用嗎？

（範例）現階段還無法活用。之後想做的是透過寄送信件介紹下次的清洗、告知顧客清洗的必要性與優點，提升顧客對服務的滿意度。

F 服務機制

Q31 請寫出從接單到收款的流程

（範例）接單、附上棉被袋寄送宅配套組、顧客將貨物交給宅配業者、到達工廠、清洗、包裝和寄送，最後是送還給顧客。付款時若是用信用卡支付，就是在專用網站下單後刷卡；若是用現金支付，則是在寄出宅配套組時支付。

Q32 是否有價目表？

□YES　□NO

Q33 價目表是否合理？

□YES　□NO

Q34 有什麼優惠服務提供給顧客？

（範例）可以在官網上利用紅利點數（五％）、信用卡支付、超商付款、樂天銀行付款。
付費服務有保管棉被的服務（最多八個月）、返還時的壓縮服務。

Q35 除了現有的服務，是否想提供其他能讓顧客開心的服務？

（範例）租借棉被服務、診斷棉被狀態服務、除臭服務、重整棉被服務。

Q36 顧客會如何討價還價？

（範例）沒有被討價還價過，比起其他公司，價格比較硬。

Q37 請寫出因應顧客討價還價時的對策、應對方法。

（範例）為了顯示出定價的價值感，展示出專家用心工作的模樣。

G 對目標客戶的宣傳

Q38 使用什麼樣的方法宣傳商品？

（範例）在網路上刊載清潔棉被的重要性和好處、理想的清洗週期、能洗與不能洗的棉被資訊。

Q39 之後想做什麼樣的宣傳？

（範例）之前的服務說明太過專門，對消費者來說理解的門檻較高，所以想嘗試單純地告知顧客「洗後很舒服」「舒適的睡眠在等著您」。此外也想考慮用漫畫等圖像化方式來告知顧客。

H重新評估待客方式

Q40 你認為銷售你家商品的人是什麼樣的人。會銷售的人、能獲得顧客信賴的人是什麼樣的人？

（範例）給顧客誠信的人、不擅言詞卻認真態度的人、能親自處理詢問事項的人。

Q41

若是你，會想從什麼樣的人手中購買自家的商品呢？

（範例）誠實地告知優點和適合顧客的商品重點，不會隱藏自己恥辱或失敗，會坦率告知的人。

Q42

請寫出對顧客用心之處。

（範例）接待顧客時，希望能讓他們感到愉悅。

Q43 請寫出與顧客從初次見面到接到訂單為止的過程。

（範例）顧客從網站、投遞的傳單、地方報紙的廣告等得知本公司，經由網站或電話申請服務。

Q44 請寫出為了讓顧客回購所做的事。

（能將用戶變顧客）

（範例）網路的五％紅利回饋、電話中親切地應對接待、在投遞的傳單上印上優惠券。

Q45 請寫出為了讓顧客回購，最好要做和一定要做的事。

（範例）記錄每位顧客的委託日，以一年為週期，寄送提醒清洗的郵件或明信片，打造讓顧客一年後就會想起本公司的機制。

Q46 請寫出為了讓顧客滿意而做的事。

（範例）考慮到維持清洗的品質、配送品質來選擇宅配公司以及仔細的包裝法。

Q47

請寫出為了讓顧客滿意想做的事以及最好要做的事。

（範例）建構由我方告知清洗時間的機制、讓顧客想起本公司的機制。

Q48

請寫出為了讓顧客介紹其他顧客而做的事。

（範例）沒特別去做什麼。

Q49 請寫出為了讓顧客介紹其他顧客想做的事、最好要做的事。

（範例）發給介紹者折扣優惠券、給介紹者免費的「歸還棉被時壓縮服務」、寫信或打電話表達謝意。

寫下這個銷售倍增工作單，應該就會注意到各種以前沒注意到的細節。重要的是，將注意到的事標上優先順序，或是設定期限，編排進ＰＤＣＡ日報表的行程表中。

人很容易怠惰，若不設定期限，就不會付諸實行。請在日報表的年計畫表或月計畫表中寫入預定與期限，好好約束自己吧。之後只要利用ＰＤＣＡ日報表，隨時不斷進行細微的改善即可。讓我們一起不斷提高營業額，順利改變公司吧！

結語

PDCA日報表拯救企業，也拯救人生

我透過ＰＤＣＡ日報表，讓許多中小企業的經營者得到了極大的成果。其實，被ＰＤＣＡ日報表所拯救的，是我自己。

二〇〇八年，為了將日報表諮詢事業化，我開了 Visiform 這間公司，這間公司就是現任日報表 Station 的前身，當時的我拚了命要讓公司的經營上軌道。我幾乎二十四小時都在思考要如何推廣日報表諮詢這項服務，沒想到很快地受到了報應。

我埋頭於工作，棄家庭於不顧，結果導致家庭崩壞。創業第一年，妻子開始厭煩我，並提出離婚。之後我在精神上很痛苦，無法工作，沉溺在酒精中。把僅有的財產全都交出去，為籌措事業資金與生活費，借貸了兩百五十萬日圓，在山口市內租借一間每月五萬一千日圓的公寓，兼做事務所與自宅，從負債重新開始。

我失去的東西很多，但對我來說，還有PDCA日報表這個強大的援軍。拜日報表之賜，我也能再度開始執行起我自己的PDCA。

人生隨時都能逆轉。

但是要確實執行PDCA。

因為人是很脆弱的。

我重新振作，而且我在當時的PDCA日報表中「夢想・希望」寫下「出版自己的書」。對身在山口市的我來說，當時要出書簡直是作夢，既無頭緒也無勝算，但若沒有過大的夢想，就會陷入無法努力的窘境中。

可是兩年後，各種因緣際會，我有了出版的機會，讓我在二〇一一年出版了第一本書。之後我也使用PDCA日報表，和顧客一起揮灑汗水，我自己的公司也步上軌道。如今，除了距新山口站走路七分鐘的地方就是本公司的事務所，另外在下關、廣島和東京等處也設有據點，而且還展開了日報表諮詢的加盟連鎖事業，加盟店持續增加中。

此後，若日本更朝向高齡化發展，經營者的活動期間自然會拉長。人工智能的出現、科技的進化與普及、少子高齡化和人口減少等因素，商業環境從現在起將會出現難以想像的劇變。

不僅是大企業，即便是中小企業，也勢必面臨被迫改變既有商業模式及戰略的一天。單靠直覺與經驗就能經營企業的時代已經結束了，往後的經營者唯有養成習慣，冷靜觀察並分析每天在社會上發生的現實與自我，將好事規則化，修正失敗的軌道，不要拖延任何想法而是確實落實執行，才能應變變化多端的時代。

正因為是個艱困的時代，對中小企業的經營者來說，PDCA日報表才是能戰勝一切存活下來的武器，我打從心底如此確信著。本書是受到各界的幫助、支援才能問世，書中案例的木原史郎先生、本間史朗先生、有元玲子小姐和牛見和博先生，為了這本書空出時間接受採訪，真的非常感謝，今後也一起透過PDCA日報表不斷提高業績吧！

西京銀行的平岡英雄董事長也為我寫了推薦序，股份有限公司MIHORI的藤井公會長是我經營導師，會計師田中和寬先生總是嚴厲地審核公司的財務，他們既是PDCA日報表的強力贊同者，也溫暖地守護著我們，我發自內心地感謝。

敝公司的顧問尾崎達也先生、伊藤博紀先生、金子拓司先生和近藤江仁先生即便非常忙碌，也盡心盡力協助我寫作，真的幫了我一個大忙。此外，負責行政的木村美鈴小姐以及山野美里小姐也給予我很多幫助，包括幫我準備寫作相關資料等。各位真是最棒的成員了，謝謝！

同時，我也要向擔任本書編輯的日經BP社書籍編輯一部的沖本健二先生表達感謝。還有其他日報表Station的各位顧客、連鎖加盟事業的各加盟店、客戶以及山口當地親切對待我們的各位、與我有私交關係的朋友等，我要對所有關係者致上感謝。

從基層支持著日本經濟的就是企業數占九成以上的中小企業，若能透過日報表讓這些企業活力蓬勃，日本也會變得更有活力。今後，我希望能作為PDCA日報表的傳道師，認真推動這份使命。

中司祉岐

國家圖書館出版品預行編目資料

業績飆倍的 PDCA 日報表工作法：200 間以上公司實證 !12 分鐘打造 SOP、OKR、KPI 做不到的精準效益 / 中司祉岐作；楊玉鳳譯 . -- 初版 . -- 臺北市：三采文化，2020.09　面；　公分 . -- (輕商管；39)

ISBN 978-957-658-395-7（平裝）
1. 企業經營 2. 財務報表 3. 職場成功法

494　109009934

suncolor 三采文化集團

輕商管 39

業績飆倍的 PDCA 日報表工作法

200 間以上公司實證！
12 分鐘打造 SOP、OKR、KPI 做不到的精準效益

作者｜中司祉岐　譯者｜楊玉鳳
日文編輯｜李媁婷　美術主編｜藍秀婷　封面設計｜李蕙雲
版權選書｜劉契妙　校對｜聞若婷　內頁排版｜陳佩君

發行人｜張輝明　總編輯｜曾雅青　發行所｜三采文化股份有限公司
地址｜台北市內湖區瑞光路 513 巷 33 號 8 樓
傳訊｜TEL:8797-1234　FAX:8797-1688　網址｜www.suncolor.com.tw
郵政劃撥｜帳號：14319060　戶名：三采文化股份有限公司
本版發行｜2020 年 9 月 4 日　定價｜NT$360

CHIISANA KAISHA NO URIAGE WO BAIZO SASERU SAISOKU PDCA NIPPO
written by Yoshiki Nakazuka.

Originally published in Japan by Nikkei Business Publications, Inc.
Traditional Chinese translation rights arranged with Nikkei Business Publications, Inc. through Japan UNI Agency, Inc.